BIBLIOTHÈQUE DES ÉCOLES ET DES FAMILLES

DANIEL BELLET

BEAUTÉS ET FORCES
DE LA NATURE

OUVRAGE ILLUSTRÉ DE 51 GRAVURES

PARIS

LIBRAIRIE HACHETTE ET Cⁱᵉ

79, BOULEVARD SAINT-GERMAIN, 79

DANIEL BELLET

BEAUTÉS ET FORCES
DE LA NATURE

OUVRAGE ILLUSTRÉ DE 51 GRAVURES

DEUXIÈME ÉDITION

PARIS

LIBRAIRIE HACHETTE ET Cie

79, BOULEVARD SAINT-GERMAIN, 79

1914

PRÉFACE

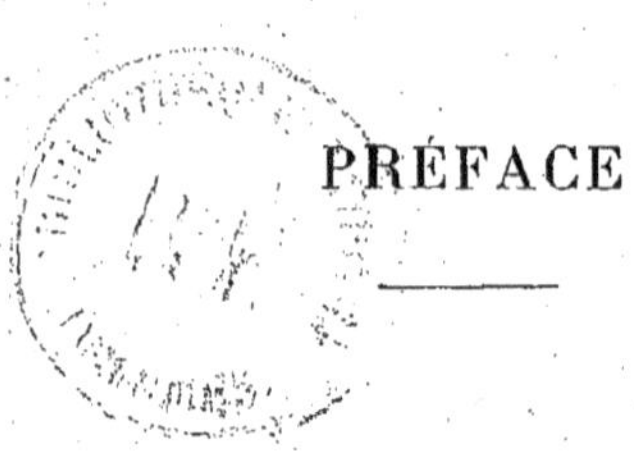

Apprendre aux enfants à observer les faits de la nature, les inviter à en chercher l'explication, à les interpréter, à les renouveler même dans des expériences simples, pratiques, faciles à réaliser, à l'aide d'appareils que chacun peut confectionner : tel est le projet que M. Bellet a mené à bonne fin ici dans son précédent volume *Promenades amusantes autour de la Science.*

Des essais analogues ont été tentés, mais les ouvrages qui les résumaient étaient trop abstraits; les démonstrations qu'ils indiquaient exigeaient des appareils compliqués; ou bien, dans le désir de mettre les notions de science à la portée des tout jeunes enfants, les vulgarisateurs voulaient trop faire et avec un matériel insuffisant. Peu réussissaient à récréer et à instruire.

M. Bellet a su mettre en œuvre une méthode d'enseignement pratique, surtout dans les classes primaires : instruire par l'expérimentation, et éveiller ainsi chez les enfants la curiosité, soutenir leur attention, stimuler les facultés de réflexion et de raisonnement, en exerçant et leurs sens et leurs mains.

L'ouvrage nous est présenté sans prétention : c'est une promenade, amusante autant qu'instructive, que nous faisons à travers les phénomènes de la nature, guidés par l'auteur, charmant compagnon et guide avisé, qui, à chaque pas, nous arrête et nous dit : « Vous avez déjà vu ces faits, observez-les; les comprenez-vous : pourriez-vous dire pourquoi ils se passent ainsi? Ils vous apparaissent merveilleux, extraordinaires tout au moins; ils sont bien simples pourtant : refaisons-les. » Et avec lui, nous voilà à l'œuvre, expérimentant, tout comme les savants.

Ainsi nous sont expliqués les bons et les mauvais tours de la pression atmosphérique, la loi de superposition des liquides de densité différente, les illusions de nos sens. Ou bien c'est la mise en application d'un principe très simple de physique ou de mécanique, qui nous apprend à confectionner d'ingénieux jouets, de nombreux appareils. Ou bien encore c'est une application des principes qui régissent l'action des aimants les uns sur les autres : une démonstration curieuse de la persistance des impressions alors que l'objet qui la produit a disparu; ou encore la raison du maintien en équilibre d'une boule métallique creuse au sommet du jet d'eau. Que d'ingénieux petits appareils n'apprenons-nous pas à confectionner : boussoles, balances, télégraphe optique, qui nous rendra service à la campagne si nous ne voulons pas faire la dépense d'un appareil téléphonique; il n'est pas jusqu'aux ingénieux « tours de physique » et de « divination » qui, sur la foire ou le boulevard, nous ont, enfants, émerveillés, dont nous ne saisissions le secret, car ils ne sont qu'une application, parfois très simple, de notions scientifiques.

Mais que faudra-il pour expérimenter ainsi? Fort peu de matériel, presque aucun frais : une petite lampe, une boîte, quelques lentilles, verres, vis, charnières, clous, morceaux de carton; deux sous de produits achetés chez le pharmacien.

Un peu de goût, de patience, une connaissance élémentaire des notions de sciences suffisent pour comprendre et réaliser ces expériences, facilitées par les figures, très claires, qui illustrent le texte.

C'est un excellent ouvrage de vulgarisation. Il a sa place dans les bibliothèques scolaires et dans les bibliothèques populaires. Les grands élèves des écoles primaires, les adultes le liront avec plaisir et profit. Les instituteurs auront un aide aimable qui leur donnera les moyens de rendre l'enseignement des sciences plus intéressant et plus pratique. Nous ne doutons point que maîtres et élèves ne soient amusés et instruits par la lecture de cet excellent livre.

BRÉMOND,

Directeur de l'École normale de Versailles.

BEAUTÉS

ET

FORCES DE LA NATURE

LA TABLE DE PYTHAGORE EN ACTION

Lorsqu'on apprend les éléments du calcul, on est absolument hors d'état de se rendre compte de l'intérêt que peuvent présenter ces procédés si remarquables, imaginés par l'homme pour effectuer la numération des objets qui l'entourent, ou dont il a à faire quotidiennement usage; quand ensuite on grandit et qu'on vieillit, on jouit tout simplement de ces procédés avec une ingratitude parfaite, et sans essayer de comprendre quelle ingéniosité il a fallu pour créer ces signes qu'on nomme chiffres, et pour arriver à en effectuer les combinaisons, en leur donnant des valeurs diverses suivant qu'ils sont, par exemple, à la gauche ou au contraire à la droite les uns des autres.

Il est un de ces signes, le zéro, dont tout le monde se sert, dont chacun connaît le rôle essentiellement variable, sans réfléchir que ce fut réellement une invention de génie que de trouver un chiffre qui n'a aucune valeur par lui-même, et qui pourtant possède cette propriété précieuse entre toutes de multiplier par 10, par 100, par 1000, etc., les nombres à la droite desquels on le place. C'est là toute la base de ce système si pratique qu'on nomme le système décimal, et il semble que le zéro a dû exister de tout temps :

pourtant il est de création relativement récente. Pour s'en rendre compte et pour comprendre aussi la commodité de numération qu'il assure, il suffit de comparer les fameux chiffres romains, avec leur complication, même quand on ne veut écrire que moins d'une centaine, et l'aisance de la numération au moyen des chiffres arabes et de l'emploi du zéro. Le fait est que le zéro était inconnu des Grecs et des Latins : on estime que c'est le génie philosophique des Hindous, aidé peut-être de l'esprit mercantile des Chinois, qui imagina ce signe destiné à indiquer ce qui n'existe pas, rien ; mais qui a surtout ce rôle précieux de permettre de classer les chiffres dans l'ordre décimal. L'idée en remonte probablement au vi^e siècle après Jésus-Christ, et elle nous est parvenue vers le xie ou le xiie siècle par l'intermédiaire des Arabes, qui furent nos maîtres en mathématiques.

Quelle commodité pour la numération, alors que les peuples primitifs, comme certains sauvages de l'Afrique, sont obligés de recourir à leurs doigts pour indiquer les valeurs jusqu'à 10, et emploient une mimique des plus compliquées, par exemple trois claquements des mains, puis la réunion des doigts correspondant au chiffre des unités, pour indiquer trente et quelques unités ! Au delà de cent, ils ne peuvent exprimer une idée de nombre que par une expression vague disant uniquement un grand nombre.

Parmi ces petites merveilles que renferme le domaine des mathématiques même les plus élémentaires, et que nous n'apprécions aucunement à leur valeur, ne citerons-nous pas cette table de Pythagore, qu'il fallut un véritable génie mathématique pour combiner et dresser, et qui est la base de tous les calculs : base qui ne manque que trop souvent ou du moins qui est fréquemment chancelante même chez de grandes personnes ? Il est juste de dire que cette table de multiplication (mauvais nom, en vérité, puisqu'elle servira aux divisions comme aux multiplications) ne fait appel qu'à la mémoire ; et c'est pour cela qu'étant enfants nous avons eu tant de peine à l'apprendre à peu près, et que parfois, arrivé à l'âge d'homme, on ne la possède point bien sûrement : et

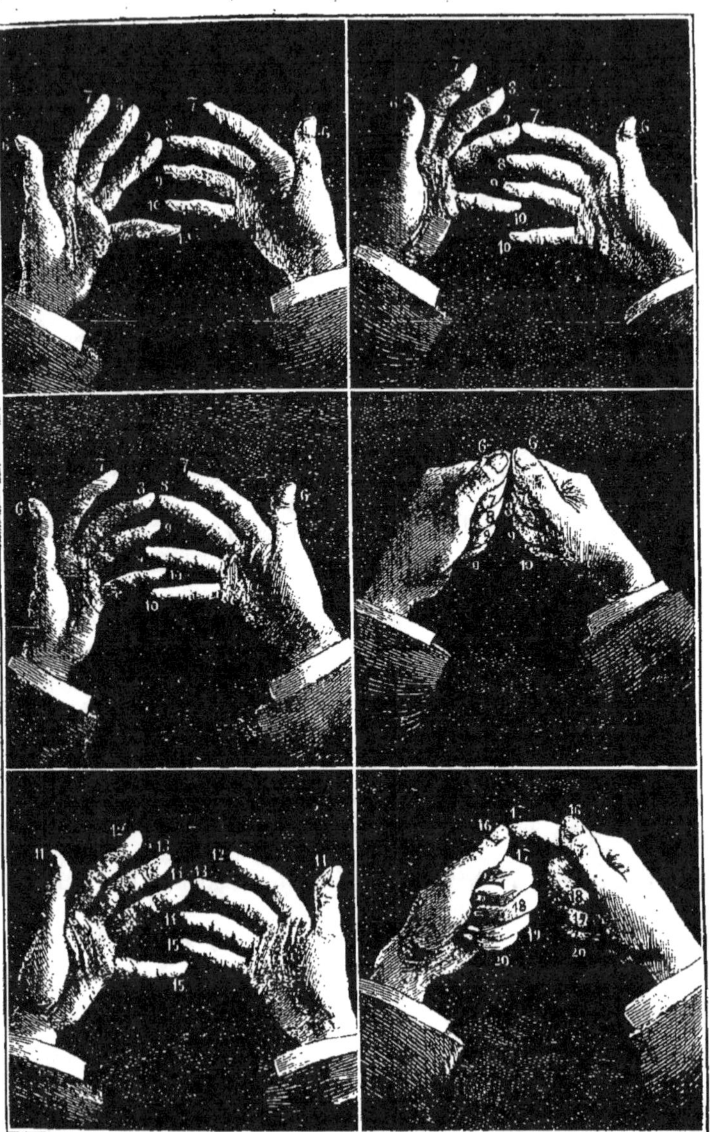

Un perfectionnement dans le calcul sur les doigts.

encore l'arrête-t-on aux facteurs inférieurs à 10, ou tout au plus au produit de 10 par 10, et il ne viendrait point à l'idée d'apprendre les produits de 13 par 14 ou de 21 par 12. Les professeurs se donnent une peine considérable pour faire entrer dans la tête de leurs jeunes élèves la table de Pythagore ainsi réduite à sa plus simple expression, et les insuccès sont fréquents (chose assez bizarre du reste) dès qu'on dépasse le produit de 5 par 5. Enfants, et quelquefois même grandes personnes, de s'aider alors plus ou moins subrepticement de leurs doigts.

En présence de ces difficultés, et aussi de cet emploi des doigts comme appareils de numération, un mathématicien polonais des plus distingués, M. Procopovitch, a imaginé un procédé basé sur l'emploi des doigts, et qui permet d'effectuer des multiplications avec autant de sûreté qu'avec une machine à calcul ; c'est un système de table de multiplication matériel, avec lequel on peut opérer même sur des chiffres au-dessus de 10, mais où l'on ne s'est pas préocupé des facteurs inférieurs à 6, parce que, comme nous l'expliquions, tout le monde connaît la partie de la table de multiplication jusqu'à 5 multiplié par 5.

Comme le montrent les diverses figures de la planche d'illustration que nous donnons ici, l'inventeur commence par numéroter les doigts des deux mains : non pas qu'il soit nécessaire d'y inscrire un chiffre comme nous l'avons fait faire par le dessinateur pour faciliter nos explications, mais il faut qu'à chaque doigt corresponde un numéro, ou plus exactement un chiffre. Ces chiffres seront ceux des facteurs à employer dans les multiplications de la table. Chacun des pouces représente le nombre 6, le nombre 7 est celui des index, puis c'est 8 pour les deux médiums, 9 pour les annulaires et 10 pour les petits doigts ou auriculaires. Donnons maintenant l'indication théorique de la manière dont il faut procéder pour trouver un produit avec les doigts numérotés de la sorte : et que le lecteur ne s'effraye pas de cette indication un peu ardue en apparence, il la comprendra bien facilement quand nous aurons pris avec lui un exemple numérique.

Pour obtenir le produit de deux nombres, on rapproche le bout des deux doigts représentant ces nombres, multiplicateur et multiplicande, puis on compte le nombre total de doigts que l'on trouve dans l'ensemble des deux mains en se dirigeant vers les pouces, et en ajoutant au total les deux doigts mêmes qui sont maintenus se touchant ; le total que cette opération élémentaire donne indique le nombre des dizaines contenues dans le produit cherché. Quant au chiffre des unités de ce produit, il est représenté par le produit, toujours facile à effectuer, du nombre de doigts qui reste dans une des mains au-dessous des deux doigts qui se touchent, par le nombre de doigts qui restent de même façon dans l'autre main. (Nous disons que ce produit est aisé à faire, parce qu'il ne sera jamais que le résultat de la multiplication de facteurs inférieurs à 5.) Lorsqu'on a d'une part les dizaines et de l'autre les unités du produit cherché, on a naturellement le nombre tout entier. Mais prenons un exemple, pour préciser les idées : si nous voulons savoir quel est le produit de 9 par 8 ou de 8 par 9 (ce qui est la même chose, comme on doit s'en douter), nous rapprochons le médium de la main droite de l'annulaire de la main gauche, ainsi que l'indique une des figures ci-jointes : si nous comptons les doigts qui se trouvent au-dessus de ceux qui sont ainsi en contact, en nous dirigeant vers les pouces, et que nous comptions également ce médium et cet annulaire, nous arrivons à un total général de 7 doigts, ce qui veut dire que le produit cherché comportera 7 dizaines. Si, d'autre part, nous multiplions les deux doigts qui demeurent libres en dessous du médium de la main droite par le doigt unique de la main gauche, nous trouvons le produit 2, chiffre des unités du produit ; et comme celui-ci comporte 7 dizaines et 2 unités, cela signifie qu'il est 72, produit de 8 par 9. Pour que la démonstration soit complète ou plutôt tout à fait claire, nous prendrons un autre exemple, la multiplication de 9 par 7 : qu'on se reporte à la figure, et l'on verra que l'index de la main droite est amené au contact de l'annulaire de la main gauche, ce qui indique que le produit de 7 par 9 contiendra 4 plus deux, ou 6 dizaines, et

3 multiplié par 1, ou 3 unités : finalement cela veut dire que
7 fois 9 font 63. Nous n'avons guère besoin de noter qu'il
importe peu que l'un des facteurs soit pris dans une main
plutôt que dans l'autre ; et en opérant sur soi-même on
s'apercevra qu'on aurait obtenu exactement un résultat identique dans l'opération que nous venons d'effectuer, si l'on
avait rapproché l'index de la main gauche de l'annulaire de
la main droite.

Nous donnerons deux autres exemples et deux autres
figures caractéristiques de cette curieuse table de Pythagore,
improvisée au moyen des doigts, et permettant du reste de
trouver les produits presque instantanément, au lieu de la
façon classique autant que lente dont on se sert parfois des
doigts pour trouver un produit qu'on a oublié. Voici, par
exemple, la multiplication de 8 par 8, où les deux médiums
sont amenés au contact, et où l'on voit immédiatement que le
produit contient 6 dizaines et 5 unités, et est par conséquent
64. De même, le produit de 6 par 6 sera instantanément
reconnu être égal à 36, puisque, les deux pouces une fois se
touchant, on trouve pour premier élément du produit
2 dizaines ou 20, et comme second élément 16 unités, ce qui
donne bien au total 36. Pour le produit de 10 par 10, s'il
était besoin de le faire, le rapprochement des deux auriculaires accuserait 10 dizaines et aucune unité.

Mais cette méthode de multiplication, et ce n'est pas là son
moindre intérêt, ne s'applique point seulement aux produits
de chiffres ne dépassant pas 10 : on comprend que cela est
particulièrement commode, puisque même les gens qui
connaissent bien leur table classique de multiplication, sont
le plus souvent obligés de prendre le crayon pour effectuer
le produit de deux nombres de deux chiffres. Supposons que
nous voulions opérer sur des nombres compris entre 11 et 15.
Nous attribuons à chacun de nos doigts un numéro (nous
parlons d'un numérotage purement imaginaire, comme tout
à l'heure), de telle manière que le pouce de chaque main
représentera 11, le chiffre affecté aux index sera 12, puis 13
celui des médiums, 14 celui des annulaires, et enfin les auri-

culaires seront numérotés 15. Maintenant si nous cherchons, par exemple, le produit de 14 par 13, nous rapprochons encore l'un de l'autre les doigts représentant multiplicateur et multiplicande, c'est-à-dire l'annulaire de la main gauche et le médium de la main droite ; et le total des doigts « supérieurs » (au-dessus de l'annulaire et du médium), y compris les doigts mêmes en contact, représentera des dizaines ; nous négligeons ici complètement les doigts inférieurs. Quant aux unités complémentaires du produit, on va les obtenir en reprenant ces mêmes doigts que nous avons appelés supérieurs comme éléments de l'opération secondaire : cette fois, on multiplie le nombre de ceux que représente une main par le nombre de ceux qu'offre l'autre main ; on obtient un produit qu'on augmente de 100, et l'on ajoute le résultat définitif de cette opération au nombre de dizaines donné par la première. On arrive de la sorte au résultat définitif. Si nous prenons les chiffres 14 et 13 de la figure, nous aurons dans la première opération 4 plus 3 ou 7 dizaines, c'est-à-dire 70 ; puis, dans la seconde, nous obtenons 3 multiplié par 4 ou 12, chiffre auquel nous ajoutons le chiffre constant de 100, ce qui nous donne 112. Si finalement nous additionnons 112 et 70, nous arrivons au total général de 182 pour le produit cherché de 14 par 13. L'explication peut sembler assez longue, mais le procédé devient fort rapide quand on l'a un peu pratiqué, et nous n'avons guère besoin de faire remarquer qu'avec le crayon il faudrait un temps réel appréciable pour multiplier 14 par 13.

On a de même la possibilité, avec l'application de la méthode de M. Procopovitch, de multiplier deux nombres chacun plus grand que 15, et cela en se créant sur chaque doigt une série de chiffres qui va de 16 à 20, ainsi que l'indique la dernière gravure. Nous n'avons pas besoin, après ce que nous avons dit déjà, de montrer qu'en pareil cas les pouces porteront les numéros 16, les index 17, etc. Dans une opération de ce genre, si, par exemple, nous voulons multiplier 16 par 17, la somme des doigts supérieurs donnera des vingtaines, dans le cas présent 3 vingtaines ou 60 ; nous faisons ensuite le produit des doigts inférieurs d'une des mains par les doigts correspondants de l'autre, ce qui nous donne ici 4 multiplié par 3 ou 12, chiffre auquel nous ajoutons une somme constante, qui est toujours 200 dans une opération de cette nature ; et, si nous faisons la somme des 3 vingtaines et des 212 que nous venons d'obtenir, nous arrivons finalement au résultat 272 pour le produit de 16 par 17.

En prenant un crayon et en refaisant l'opération suivant les méthodes ordinaires, nous constaterons que c'est bien là le produit véritable. Nous avons eu l'avantage, avec notre calcul mental et sur les doigts, de le faire beaucoup plus vite que le crayon à la main.

Je n'entrerai pas dans la démonstration de ce procédé curieux ; bien des lecteurs qui en ont suivi l'explication, et qui consentiront à l'appliquer soit au point de vue pratique soit pour s'amuser, ne voudraient point subir cette démonstration, qu'ils jugeraient fastidieuse. Et quant à ceux qui aiment les mathématiques, je leur laisse le soin de s'expliquer cette méthode originale.

COULEURS SANS MATIÈRES COLORANTES

Vous ne connaissez pas les phénomènes et les lois physiques qui se rapportent aux *interférences* lumineuses, et aux *anneaux colorés* de Newton : on considère que ce sont là choses trop compliquées pour les faires étudier ailleurs que dans les classes de mathématiques supérieures. Et pourtant la constatation de ces lois est bien aisée, sinon leur explication complète, et l'on peut, sans aucun matériel, se livrer à ce sujet à des expériences des plus curieuses.

D'une façon générale, tous les corps diaphanes, qu'ils soient solides, liquides ou gazeux, peu importe, pourvu qu'ils se présentent en lames suffisamment minces, paraissent, surtout quand on les regarde *obliquement*, colorés de nuances extrêmement vives. C'est là ce qui donne ces magnifiques nuances irisées à la nacre, dont la surface est formée par des feuilles exceptionnellement minces, superposées les unes aux autres; regardez de même des paillettes de mica, que vous pourrez produire aisément en *clivant*, en séparant au moyen d'une lame la couche superficielle d'un de ces fumivores en mica qu'on vend maintenant partout : ces paillettes vues obliquement vous montreront, elles aussi, de magnifiques irisations.

Il faut absolument que les lames en question soient extrêmement minces : en effet, examinez une boule de verre, une ampoule comme celles des lampes électriques, elle n'offre aucune de ces jolies colorations de la paillette de mica; il en sera tout différemment d'une de ces boules de verre soufflé à parois si fragiles, où l'on enferme des parfums. Jetez une cuillerée d'huile dans une cuvette pleine d'eau, l'huile garde sa couleur jaune caractéristique; au contraire, ne laissez tomber qu'une seule petite goutte d'huile. Comme, en vertu des phénomènes capillaires et de tension superficielle, elle aura l'ambition de s'étendre autant qu'elle le pourra, elle s'étalera jusqu'à ne plus former qu'une couche extraordinairement mince; et immédiatement apparaîtront les belles irisations caractéristiques dues aux interférences, autrement dit à la rencontre des *ondes* lumineuses traversant la pellicule huileuse.

Si vous vouliez voir ces interférences se manifester sous la forme des anneaux auxquels Newton a donné son nom, vous pourriez placer un verre de lunette bombé sur une plaque de verre plane, et regarder à la loupe, obliquement, la lame d'air comprise entre les deux verres. Vous y apercevriez des anneaux concentriques de toutes couleurs, avec un anneau noir au centre. Mais, plus simplement, faites des bulles de savon, en employant pour cela de préférence un liquide composé d'eau savonneuse et de glycérine : vous soufflez une bulle, qui, d'abord assez petite, semble tout uniment blanchâtre. Soufflez davantage, la voici qui se gonfle, qui augmente de volume; par suite, ses parois, faites toujours de la même quantité d'eau savonneuse, deviennent de plus en plus minces. Aussi montrent-elles bientôt des irisations caractéristiques, disposées en zones concentriques, en anneaux colorés. Quand la paroi arrive à être finalement trop peu épaisse, il ne se produit plus d'interférences, le centre des anneaux devient absolument noir... et la bulle crève.

Dans tous ces phénomènes, les rayons lumineux qui ont traversé la première face d'une lame mince se réfléchissent sur la seconde; et alors, suivant que la lame en question est plus ou moins mince, il en résulte des interférences lumineuses, des combinaisons, si l'on veut, qui donnent du rouge, du vert, du bleu, du violet. C'est la propriété curieuse dont M. Lippmann a tiré parti pour créer la photographie des couleurs.

En somme, ce sont là en elles-mêmes des couleurs immatérielles : on les appelle souvent des couleurs *lumière*, des couleurs physiques; ce sont des jeux de lumière, tout comme ceux que donne un prisme de verre interposé sur le passage d'un rayon de soleil. Au contraire, les couleurs que l'on emploie d'ordinaire en peinture, en teinture, qui colorent les objets nous environnant, sont appelés *pigmentaires*, on peut les saisir, heureusement pour les peintres; ce sont des substances qui absorbent une partie des rayons composant la lumière blanche par leur ensemble, et qui réfléchissent ceux-là mêmes qui leur donnent leur nuance. Telle matière est rouge : grattez-la, pulvérisez-la, et vous obtiendrez une poudre rouge, qui absorbe tous les rayons du spectre sauf les rayons rouges.

Mais allez donc saisir ces simples jeux de lumière, ces couleurs immatérielles, ces anneaux colorés qui se manifestent à nous à la surface d'une lame mince, par exemple sur la rotondité d'une bulle de savon! Et cependant c'est à quoi est parvenu un savant français, M. Charles Henry, sans doute en se servant d'une lame mince moins délicate et sensible que celle de la bulle de savon; et c'est ce que je vous donnerai tout à l'heure le moyen de réussir dans des proportions plus modestes.

M. Henry est arrivé à fixer bel et bien ces irisations, ces
nuances immatérielles, sur des étoffes, des papiers, des
métaux, et cela en y déposant la couche pelliculaire voulue.

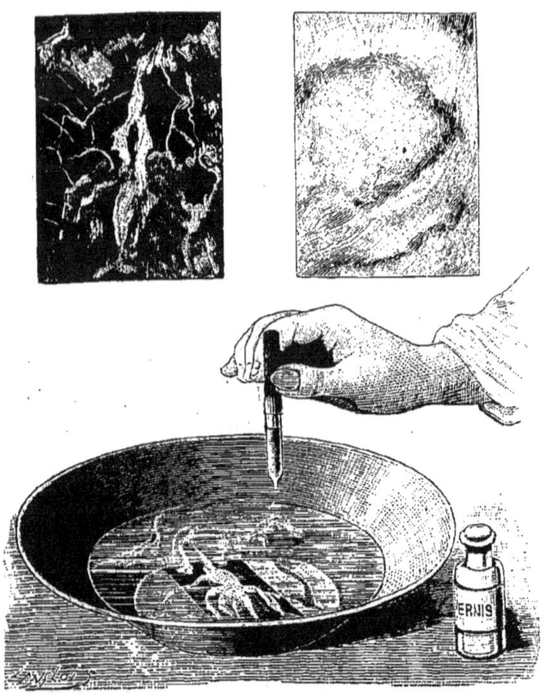

Une expérience de haute physique et ses résultats.

On jugera de la difficulté qu'il y avait à vaincre, quand on
saura que l'huile d'olive, par exemple, à la surface de l'eau,
s'étale en une lame qui mérite bien son nom de *mince*, puisqu'elle n'a que $\frac{1}{500}$ de *micron*, le micron étant la millième
partie d'un millimètre! disons d'ailleurs que, dans son procédé industriel, M. Henry n'emploie pas de l'huile d'olive,
mais bien une dissolution de gomme dammar (base de certains vernis) et de bitume de Judée dans de la benzine. Au

fond d'une cuve on place le papier, le tissu sur lequel on veut déposer la couche colorante, que l'inventeur a appelée du nom d'irichromatine; on remplit la cuve d'eau, et on laisse tomber à la surface du liquide quelques·gouttes de la dissolution dont nous venons de parler. Immédiatement se forme la couche pelliculaire irisée, qui a même une consistance suffisante pour qu'on puisse l'étirer afin d'en modifier l'épaisseur et la coloration. On fait écouler l'eau de la cuve, et bientôt la pellicule se dépose sur le papier ou le tissu, où elle adhère et se fixe d'une façon inaltérable, grâce à un apprêt dont on avait enduit préalablement papier ou étoffe.

Nos ambitions sont plus modestes, nous ne chercherons point l'inaltérabilité; mais, à part cela, nous pouvons reproduire l'irichromatine de M. Henry.

Prenons une feuille de carton blanc, que nous plaçons au fond d'une cuvette, et versons quelques centimètres d'eau par-dessus, en appuyant sur le carton pour qu'il demeure immergé. Puis, au moyen d'un compte-gouttes, nous prenons un peu de ce vernis à tableaux qu'il est facile de se procurer chez un marchand de couleurs quelconque : nous en laissons tomber une goutte sur l'eau. Instantanément elle s'y répand, s'y étend avidement et en ondulant, et bientôt l'eau est recouverte d'une pellicule de vernis qui y forme une croûte réellement solide en dépit de sa minceur. ·Plongeons les doigts dans l'eau de manière à troubler aussi peu que possible cette pellicule, et relevons le carton bien horizontalement, en faisant égoutter l'eau qui pourrait demeurer à sa surface, sous la pellicule. Quand ce carton sera sec, nous serons stupéfaits de le voir coloré, tel qu'a essayé de le reproduire le dessinateur, recouvert d'irisations qui seront particulièrement jolies quand nous le regarderons obliquement. Nous avons nous aussi fabriqué de l'irichromatine, nous avons saisi ces couleurs fuyantes des lames minces, nous avons fixé, au moins pour un temps, des interférences lumineuses.

Nous obtiendrions un résultat encore plus frappant en remplaçant le carton blanc par du carton noir mat; si vous n'avez pas la possibilité de vous procurer du carton noir, fabriquez-en vous-même en passant, sur du carton blanc, plusieurs couches d'encre de Chine que vous laissez longuement sécher. Quand vous verserez de l'eau sur le carton, il se dissoudra bien un peu d'encre, mais cela n'empêchera nullement l'expérience de réussir. Et vous obtiendrez le résultat que je vous mets sous les yeux, mais qu'un dessin en noir ne peut rendre qu'imparfaitement.

Si vous voulez raffiner davantage, il importe de prendre certaines précautions supplémentaires. Par exemple vous emploierez comme support de votre irichromatine du papier que vous mouillerez bien, pour le faire adhérer à une lame de verre placée horizontalement au fond d'une cuvette. S'il y a un excès de vernis à la surface de l'eau, ce qui se manifeste par la formation *d'yeux* constitués par des gouttes de vernis qui ne s'étendent point, vous n'aurez qu'à pencher un peu la cuvette ; il s'écoulera de l'eau qui entraînera une partie de la pellicule déjà formée, et la goutte ou les gouttes restantes s'étendront à leur tour.

Mais tout cela n'est point indispensable ; et en suivant cette méthode si primitive que je vous ai enseignée volontairement, vous exécuterez une des plus jolies expériences de la physique, et ferez, sans peine prendre, connaissance avec une des lois les plus merveilleuses de l'optique.

<center>~~~~~~~~~~~~~~~~</center>

LES ENSEIGNEMENTS
D'UNE COQUILLE D'ŒUF

La coquille d'œuf, en dépit de son extrême minceur, offre une résistance extraordinaire : cette résistance est due à la fois à la forme en voûte de la coquille et à la pellicule qui la soutient à l'intérieur.

Pour aujourd'hui, servons-nous-en comme d'un récipient léger que nous allons transformer en un générateur de vapeur minuscule, dont nous pourrons tirer des observations qui

2

ne seraient point déplacées dans le plus grave des cours de physique.

Il faut tout d'abord préparer notre générateur, c'est-à-dire le vider de son contenu, pour pouvoir y mettre ensuite de l'eau ; la première partie de l'opération ne doit pas vous être absolument inconnue, pour peu que vous ayez parfois « soufflé » des œufs d'oiseaux pour en conserver l'enveloppe. Il s'agit de chasser blanc et jaune de la coquille, tout en ne faisant à celle-ci que la plus petite ouverture possible : je voudrais bien n'y pratiquer qu'un seul trou, car vous verrez que mon générateur de vapeur n'en doit présenter qu'un ; mais le soufflage serait impossible. Je fais donc deux trous, vis-à-vis l'un de l'autre, à chaque bout de l'œuf, l'un un peu plus grand que l'autre pour laisser passer facilement blanc et jaune. Ces trous se percent aisément avec une aiguille à tricoter ; le plus petit aura le diamètre de l'aiguille, et le second 4 millimètres de diamètre à peu près ; il faut prendre garde, en les faisant, de ne pas écraser la coquille entre ses mains. J'introduis ensuite mon aiguille dans la substance de l'œuf, je l'y tourne et l'y retourne, pour rompre le jaune et l'albumine ; puis, mettant ma bouche au petit trou, je souffle de toutes mes forces, en tenant l'œuf au-dessus d'un récipient quelconque ; et bientôt, si j'ai de l'énergie et de la constance, je vois une omelette crue s'écouler en un filet assez peu appétissant du reste. Je ne recommande pas l'opération aux gens facilement dégoûtés, mais ils en seront quittés pour recourir à quelqu'un de bonne volonté. A force de souffler, j'ai enfin chassé tout ce qui restait de blanc.

Maintenant il faut mettre de l'eau dans la chaudière : je le pourrais facilement faire en plongeant la coquille verticalement dans l'eau, l'air s'échapperait alors par en haut pour laisser la place à l'eau ; mais comme il faut toujours ensuite fermer un des trous, la méthode ne servirait qu'une fois. Cherchons-en une autre, et d'abord bouchons la plus grande des ouvertures que nous avons faite dans le petit bout de l'œuf. Pour cela il nous serait loisible d'employer un mastic séchant vite, un peu de plâtre, de silicate ; plus simplement,

vous pourrez enduire le bout de l'œuf de colle forte, de cette
fameuse colle qui colle tout et qui se vend un peu partout
maintenant, puis appliquer par-dessus un papier assez mince
quoique solide, et y mettre encore de la colle, pour obtenir
un emplâtre obturant complètement le trou. Avant de continuer nos préparatifs, nous ferons sécher la colle à la chaleur,

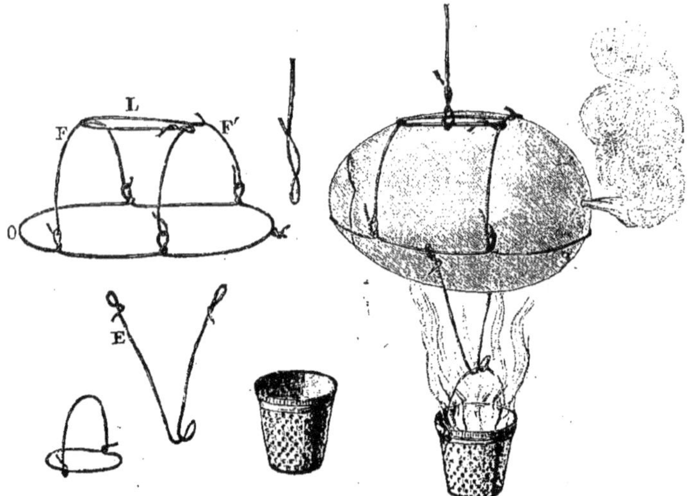

La chaudière et ses détails de construction.

ou nous la laisserons sécher, si le temps ne nous presse
point.

Pour faire pénétrer de l'eau dans la coquille, il y a un
moyen qui consiste à mettre celle-ci au-dessus d'une lampe, à
distance raisonnable, de façon que la chaleur dilate l'air qui
est à l'intérieur de l'œuf : si brusquement ensuite nous plongeons la coquille dans un bol plein d'eau, la pression atmosphérique, agissant à la surface du liquide, en fera entrer une
certaine quantité dans cet espace où la dilatation de l'air a
créé une dépression. La méthode a l'avantage de constituer
une véritable expérience de physique; mais si, maladroite-
ment, nous exposons la coquille à une chaleur trop vive, nous

la brûlerons : accident irrémédiable qui nécessiterait le soufflage d'un autre œuf. Nous emploierons donc, pour alimenter
notre chaudière, pour y envoyer de l'eau, un injecteur,
comme on le fait dans les véritables chaudières : et notre
injecteur sera une seringue hypodermique de Pravaz, comme
presque tout le monde en possède maintenant. Elle a l'avantage d'avoir un tube extrêmement mince, qui, non seulement
pénètre par le petit trou fait dans la coquille, mais encore ne
l'occupe pas complètement et laisse un passage pour la sortie
de l'air qui fera place à l'eau que nous injecterons. Maintenant que nous avons un instrument si commode, nous atten-
drons, pour envoyer de l'eau dans la chaudière, qu'elle soit
complètement achevée et prête à être mise en marche.

Il lui faut un foyer capable de la chauffer, et nous allons
fabriquer, de la façon la plus simple, une petite lampe à
esprit-de-vin que nous accrocherons sous l'œuf, celui-ci étant
lui-même suspendu en un endroit où il n'y ait point de crainte
de feu à avoir. Autrement il nous serait impossible de le tenir,
une fois la lampe allumée, sans risquer de nous brûler les
doigts.

Il est donc, à ce double point de vue, de toute nécessité
d'envelopper et de soutenir l'œuf dans une sorte de berceau
en fil métallique : pour fabriquer ce berceau, j'ai acheté un
peu de fil de laiton, et la méthode que j'ai suivie vous est
assez clairement indiquée par les différentes figures qui accompagnent ces lignes, et dont l'une représente le petit berceau
métallique, l'œuf supposé enlevé. Ce petit travail demande
seulement de la patience et un peu de légèreté de main, tout
le reste se faisant facilement, quand on a d'abord formé avec
le fil de laiton un ovale O, dont le grand diamètre est sensiblement inférieur à la longueur de l'œuf, et où l'on a ménagé
par torsion quatre petites boucles. C'est à ces boucles que se
rattachent les deux fils FF', qui enserrent la coquille par en
dessus et la pressent contre la base que constitue l'ovale dont
nous venons de parler. Il ne reste plus qu'à réunir ces deux
fils à leur partie supérieure par un autre fil longitudinal L, qui
les raidit, puis à disposer à l'opposé une sorte d'étrier trans-

versal E, se rattachant de part et d'autre à l'ovale, et se repliant en son milieu pour former un crochet. Tout cela est très simple, et exige seulement qu'on mesure par tâtonnements la longueur de ces différents fils.

Quant à la lampe, ce sera simplement un dé en fer, sans revêtement intérieur de plomb, que l'on emplit à moitié d'esprit-de-vin, et où l'on plonge ensuite un peu de ouate jouant le rôle de mèche. Pour le suspendre au crochet de E, on lui fabrique une anse, toujours au moyen de fil de laiton mince, qui l'entoure d'abord à son ouverture et se relève ensuite en une sorte d'étrier. Une fois la lampe mise en place, un dernier bout de fil métallique A nous permet d'accrocher l'ensemble de notre chaudière, loin de toute étoffe, de tout ce qui pourrait créer un danger d'incendie; et, quand nous aurons envoyé de l'eau dans la coquille au moyen de la petite seringue, nous n'aurons plus qu'à mettre sous pression en approchant une allumette allumée du coton de la lampe.

Immédiatement l'esprit-de-vin s'enflamme : mais la coquille ne va-t-elle pas brûler et se fendre, sous l'action de cette flamme qui la lèche? Point du tout; nous faisons là une expérience sur la conductibilité, sans appareil compliqué, comme on voit. Bien des fois on a dit, ce qui est parfaitement vrai, qu'on peut faire bouillir de l'eau dans une boîte en papier : le papier n'est pas brûlé, tandis que l'eau se met peu à peu à bouillir, parce que, pour bouillir et s'évaporer, pour *changer d'état*, suivant le terme employé en physique, l'eau réclame et emploie toute la chaleur que reçoit par en dessous la boîte de papier. Celle-ci la lui transmet et n'en garde point pour elle : elle n'y trouve du reste qu'avantage, car celle qu'elle conserverait aurait bientôt fait de la réduire en cendres.

Voilà donc encore un enseignement que nous tirons de cette précieuse coquille d'œuf, car, si elle ne brûle pas, c'est grâce à la conductibilité. Elle va maintenant nous donner la représentation d'une chaudière à vapeur. Comme l'eau est en très faible quantité, elle se met en effet bientôt à bouillir, puis à se vaporiser, et un petit jet sort violemment par le trou percé dans le bout de l'œuf.

Faites attention à ne pas placer votre main devant ce jet; car, si minuscule qu'il soit, ce n'en est pas moins de la vapeur à haute température; et si la lampe continue à brûler, ce n'est plus seulement de la vapeur, mais aussi de l'eau bouillante qui sera entraînée par l'orifice. C'est qu'en effet, dans cette chaudière lilliputienne, il n'y a aucune pression exercée à la surface du liquide, ce n'est pas tout à fait comme dans une vraie chaudière ou dans la classique marmite de Papin, et l'eau bout en se vaporisant. Comme disent les mécaniciens, il y a entraînement d'eau dans la vapeur produite : ici cela n'a pas grand inconvénient, tandis que, dans une machine ordinaire, cela présenterait la plus grande gravité : cette eau mélangée à la vapeur passe dans le piston, et, par suite de son incompressibilité, entraîne des ruptures de mécanisme. C'est ce qui s'est produit lors du fameux accident du *Bruix*.

La vapeur qui sort de l'orifice de notre œuf représente une puissance motrice disponible : à une autre occasion, nous construirons grâce à elle un véritable moteur à vapeur; mais vous pourriez déjà employer ce jet à faire tourner un tout petit moulinet en papier. L'illustre Héron, l'ingénieur grec qui a montré tant de savoir, d'ingéniosité et de prescience, dans son fameux livre intitulé les *Pneumatiques*, avait construit une petite chaudière, en métal il est vrai, dont le jet de vapeur soutenait en l'air une boule légère.

N'allez pas, bien entendu, laisser votre lampe continuer de brûler sans alimenter la chaudière : autrement celle-ci subirait un coup de feu, tout comme une chaudière véritable; et quand ensuite vous injecteriez de l'eau, le refroidissement brusque ainsi causé à la coquille la ferait craquer. Ce serait l'équivalent d'une explosion de chaudière, mais sans explosion réelle, simplement parce qu'il n'y a pas de pression dans notre appareil à vapeur improvisé.

LES ERREURS DE NOTRE ŒIL

Nous avons déjà eu l'occasion de signaler quelques-unes des méprises que commet couramment cet organe pourtant si merveilleux-dont nous a doté la nature : nous avons vu qu'il se trompe aisément, soit sur l'appréciation des grandeurs, soit **sur** celle des directions ; et toutes ces particularités étant bien curieuses, non seulement parce qu'elles ont un intérêt scientifique, mais aussi parce qu'elles permettent de causer la stupéfaction des gens non prévenus, nous demanderons à nos lecteurs la permission de leur exposer encore certaines de ces illusions d'optique.

Bien entendu, nous ne parlons point d'erreurs de la vision provenant d'un état maladif ou plus ou moins anormal de l'œil : comme cela se produit pour le daltonisme, qui empêche celui qui en est atteint de distinguer bien nettement les couleurs, et le fait confondre deux couleurs aussi tranchées que le vert et le rouge. Mais réellement, et pour peu qu'on y réfléchisse, il y a beaucoup de ces erreurs qui ne sont nullement pour nous surprendre, étant donné que notre œil, lorsque nous venons au monde, est ignorant de la plupart des choses, et que c'est seulement par l'expérience qu'il apprend à connaître les plans, la perspective ; et alors qu'en fait les sensations qui le frappent se traduisent matériellement sur lui comme sur une vitre, où tous les traits et tous les objets se projettent à plat et sans aucune indication sur le relief.

Ces erreurs que notre œil commet se produisent dans des cas extrêmement variés, et nous allons précisément en donner des exemples qui répondent à des circonstances bien diverses.

Pour commencer, traçons sur une feuille de papier blanc, au moyen d'un compas, d'un tire-ligne et d'une règle, la figure que le dessinateur a indiquée ici en 1 : pour nous exprimer géométriquement, nous dirons que c'est essentiellement un cercle de tout petit rayon, auquel nous avons mené deux groupes de tangentes parallèles les unes aux autres, les deux groupes se coupant à angle droit. Puis, du centre du cercle, nous avons tracé toute une série de rayons, que nous ne faisons effectivement commencer qu'au pourtour même du cercle, autrement dit à la circonférence. Nous obtenons finalement comme une sorte de soleil entouré d'une Gloire. Mais, au fur et à mesure que nous tracions ces rayons successifs, nous voyions les deux tangentes tracées dans le sens vertical se courber peu à peu en semblant se rapprocher par leurs extrémités ; et finalement, quand la figure est achevée, il nous est impossible de croire qu'elles soient bien droites, à moins que nous posions une règle sur elles. Nous pouvons même ajouter que les deux parties de ces lignes désignées par les lettres ABC offrent une autre déformation : en ce sens qu'elles semblent former une courbe rentrante en B, à leur point de contact avec la petite circonférence. Aucun œil n'échappe à cette sensation, même lorsqu'il est prévenu, et l'on peut se faire un malin plaisir de mettre cette figure devant n'importe qui en lui demandant la forme des lignes tangentes qui y sont tracées : la réponse sera toujours la même, on les verra courbées l'une vers l'autre. Cette courbure serait déjà fort sensible s'il n'y avait que quelques rayons de tirés comme nous l'avons dit, mais elle devient autrement plus manifeste quand le dessin est achevé.

Quelle est la raison physiologique de ce phénomène, de cette erreur ? Évidemment, l'explication doit en être analogue à celle des illusions dont nous avions parlé jadis, et où l'on voyait une ligne s'infléchir, simplement parce qu'elle était coupée par quelques lignes obliques. Et nous donnons même aujourd'hui une nouvelle figure (sous le numéro 2) qui va rendre encore bien évidente cette illusion d'optique. Nous y avons tracé sur deux parallèles une série de transversales qui s'inclinent d'abord dans un sens, pour se redresser ensuite peu à peu, et s'incliner en sens inverse : or, on voit parfaitement les deux parallèles se courber dans un premier sens, puis prendre une courbure tout opposée. Mais ces obliques, pourquoi ont-elles cette influence sur la sensation que nous donne notre œil ? On a dit, et nous avons cité cette opinion,

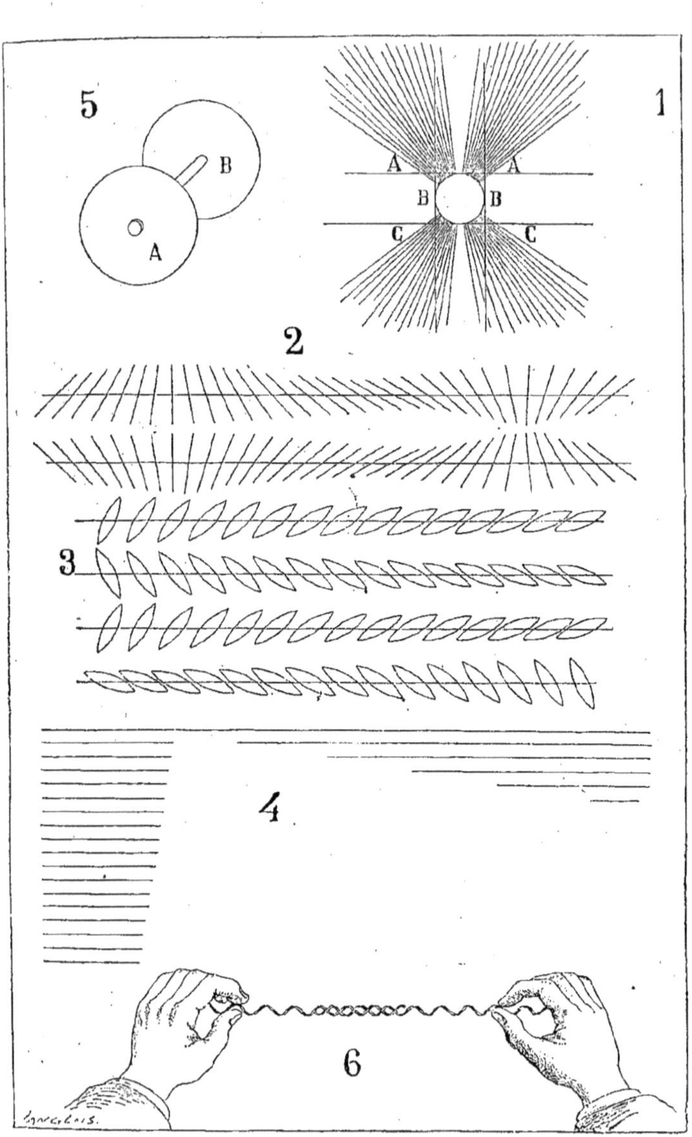

Un ensemble curieux d'illusions d'optique.

que notre œil a l'amour ou du moins l'habitude des angles droits, et nous nous efforçons de faire fléchir la ligne horizontale afin qu'elle forme toujours un angle droit avec la ligne de plus en plus oblique qui la coupe. Mais l'explication ne doit pas être absolument exacte, et cela, on peut le démontrer aisément sans être grand clerc en physiologie ni en psychologie. En effet, traçons la figure 3 : ici nous avons quatre lignes parallèles horizontales (du moins nous les avons tracées parallèles, autrement nous douterions nous-mêmes de leur parallélisme); et nous les coupons chacune d'une série de sortes de fuseaux, qui pour les unes commencent d'être presque verticaux et s'inclinent de plus en plus, et qui pour les autres commencent par être extrêmement inclinés pour se redresser ensuite peu à peu.

Il n'y a pas d'angles quelconques, puisque nous ne nous trouvons plus en face de lignes qui en coupent d'autres, mais en face de fuseaux. Alors on a songé à une explication qui nous semble assez logique. Nous avons coutume de juger des choses en généralisant et par leur aspect d'ensemble : or, quand nous examinons une des lignes horizontales coupées par ces fuseaux, par exemple celle qui se trouve à la partie supérieure de la figure 3, nous avons l'impression générale d'une figure qui penche de gauche à droite, et même penche de plus en plus au fur et à mesure que notre œil la suit également de gauche à droite; de là à considérer qu'elle décrit une courbe dans ce même sens, il n'y a qu'un pas. C'est aussi ce qui explique la double inclinaison que nous apercevons ou plutôt croyons apercevoir dans les deux droites de la figure 2, parce que notre œil voit l'ensemble s'incliner d'abord vers la droite, là où les obliques se penchent vers la droite, et ensuite vers la gauche quand les obliques prennent cette direction.

Mais nous n'en avons pas fini avec ces illusions d'optique ; il est vrai que le champ en est pour ainsi dire inépuisable, et nous voudrions du moins en citer d'un tout autre genre. Examinez la figure 4; ce sont bien encore des lignes, mais ici nous ne trouvons plus de ces obliques ou de ces fuseaux dont nous venons de parler : nous sommes en face de lignes parallèles et absolument équidistantes, qui sont simplement disposées d'une façon assez particulière : en ce sens que celles de gauche se présentent en beaucoup plus grand nombre, et sont de faible longueur tout en étant presque uniformément de même dimension; tandis que celles de droite, dont les premières sont fort longues, vont en décroissant rapidement de longueur de gauche à droite. En fait, on peut obtenir aisément cette figure, qui. semble compliquée au premier abord : on prend une feuille de papier réglée bien régulièrement, par exemple mécaniquement, les raies étant assez voisines les unes des autres, et on en couvre une certaine partie à l'aide d'une carte de visite posée obliquement; on retrouvera par la pensée, sur notre figure 4, la trace de la carte de visite, dont l'angle supérieur gauche vient presque affleurer le dernier trait supérieur du papier réglé. Si vous examinez cette figure, vous aurez immédiatement l'impression que les lignes de la partie gauche sont beaucoup plus rapprochées les unes des autres que celles de la partie droite; alors que c'est une impossibilité matérielle, puisque ce sont les mêmes lignes, interrompues seulement sur une partie de leur longueur. Il faudrait trouver l'explication, car c'est toujours ce qu'il y a de plus curieux en la matière : il semble que l'illusion soit due à ce qu'on nomme un phénomène d'irradiation, phénomène dont nous aurons occasion de parler en détail quelque jour, et qui fait qu'une surface blanche envahit en apparence ce qui l'entoure, comme par un rayonnement, et mange une partie des surfaces foncées qui sont dans son voisinage. Dans les lignes de la portion droite de la figure 4, la surface blanche trouve pour ainsi dire une porte d'entrée dans chacun des redans que forme une des lignes en retrait sur la précédente; et tout ce blanc vient séparer largement, en apparence, les lignes en question, bien autrement que cela ne semble dans la portion gauche de la figure, où l'ensemble des lignes fait corps et ne se laisse pas pénétrer par ce blanc envahissant.

Voici, d'autre part, une illusion toute différente : nous

traçons sur une feuille de papier deux cercles de petit diamètre, mais de même diamètre, et dans la position que montre la figure 5, l'un masquant en partie l'autre, et sans que l'on puisse voir la portion de la circonférence du cercle supérieur qui est coupée par la circonférence du cercle inférieur. Nous indiquons les centres de ces deux cercles par une sorte de petit cercle interne, et nous traçons enfin la ligne interrompue AB. Si ensuite, nous-même qui avons tracé la figure avec une seule ouverture de compas, nous jetons un coup d'œil sur elle, nous allons être stupéfait de constater que le cercle supérieur paraît sensiblement plus grand que l'autre. Ce phénomène a été découvert ou tout au moins signalé pour la première fois par un savant américain, qui en a donné une explication assez originale et vraisemblable. Par suite du tracé de la ligne interrompue AB, on dirait réellement que nous sommes en présence de deux cercles de carton, percés d'une sorte de tige commune donnant à l'ensemble l'aspect de deux petites roues qui seraient réunies comme par un essieu. Or, ces deux roues devraient se présenter en perspective; c'est-à-dire que celle de derrière devrait paraître plus petite que l'autre; et comme elle est de même diamètre, notre œil, appliquant les observations antérieures qu'il a pu faire, en conclut que cette seconde roue est en réalité plus grande que l'autre.

Nous citerons pour finir une sorte de petit appareil, du reste tout élémentaire, qui a été imaginé par un fabricant d'articles de prestidigitation, et qui, en effet, peut parfaitement être employé à une mystification amusante dans le courant d'une séance de prestidigitation. Il est fort simplement constitué par deux enroulements de fil de fer double, tordus en hélice, par exemple autour d'un crayon ou d'un porte-plume : toutefois une de ces hélices doit être faite sur un crayon d'un diamètre plus petit que celui de l'autre, tout uniment parce qu'il faut que, comme le montre la figure 6, son extrémité puisse pénétrer dans l'extrémité de la seconde hélice. On l'y fait entrer de trois ou quatre tours, et elle est maintenue en place solidement par les spires de l'autre hélice qui forment ressort sur elle : le petit appareil est bien aisé à construire, il suffit que par tâtonnement on trouve les dimensions relatives des deux enroulements pour assurer leur enchevêtrement solide.

Saisissons cet appareil des deux mains, ou plutôt de l'index et du pouce de chacune de nos mains, en mettant nos doigts comme cela est indiqué dans la dernière des figures cijointes ; puis écartons tout doucement les mains. Naturellement, comme chaque hélice va former vis entre nos doigts, l'appareil se mettra à tourner, en même temps que nos mains s'écarteront en glissant le long du pas de vis de chaque hélice. Mais nous allons avoir l'impression bien nette (et c'est là qu'est l'erreur de nos sens) de voir les deux enroulements se dégager l'un de l'autre, comme deux hélices sans fin qui sortiraient l'une de l'autre, en s'allongeant, et sans pouvoir pourtant jamais se détacher complètement l'une de l'autre. Simple illusion des sens (qui est du reste encore bien plus intense pour ceux qui nous regardent opérer), et qui est due, d'une part, à ce que nous voyons bel et bien nos mains s'écarter tout comme si elles retiraient une partie d'hélice de l'enroulement du milieu ; et aussi à ce que, dans la portion de leurs spires où elles sont enchevêtrées, ces sortes de pas de vis tournent dans un sens où nous avons coutume de voir les vis tourner quand on les fait sortir de l'endroit où elles sont vissées.

L'illusion que donne cette petite combinaison bien simple de fil de fer est une des plus intenses que l'on puisse rencontrer ; et il est facile à un prestidigitateur un peu habile de la présenter de façon fort amusante à ses auditeurs et spectateurs, en leur annonçant, par exemple, qu'il va détourner ces deux entortillements en les faisant s'allonger indéfiniment et sans que jamais ils arrivent à être complètement séparés l'un de de l'autre. Du reste, on aura beau ensuite être prévenu et avoir eu en main l'appareil ; avoir constaté, en suivant la rotation des hélices, que toutes deux demeurent absolument entortillées l'une dans l'autre de façon fixe ; l'illusion demeurera aussi intense, et nos pauvres sens, pourtant si parfaits à

tant d'égards, continueront de se tromper et de nous tromper
avec un entêtement surprenant.

<center>~~~~~~~~~~</center>

UN PROBLÈME A RÉSOUDRE

UN nombre considérable de jeux « à combinaisons », de
problèmes, de questions (pour employer le terme aujour-
d'hui consacré), sont basées sur les difficultés qu'il y a à
placer, dans un ordre déterminé, des pions qu'on vous présente dans un ordre quelconque, les mouvements qu'il est
loisible de faire pour les déplacer étant soumis à des règles
étroites et fort gênantes. Nous n'avons pas besoin de rappeler
le fameux taquin, qui a eu son heure de célébrité, et qui a
mis en éveil une partie des mathématiciens du monde.

C'est qu'en effet toutes ces combinaisons sont régies par
des règles absolument mathématiques, qu'il est même généralement assez malaisé de découvrir. Aussi n'ai-je pas l'intention de vous entraîner dans des problèmes de hautes mathématiques; je voudrais simplement vous enseigner une de ces
questions qu'il est facile de poser sans aucun matériel spécial,
et vous indiquer au moins deux des solutions qu'il est possible
d'y donner.

Pour mener à bien cette expérience, il suffit de deux séries
différentes de quatre pions quelconques; et ces pions, nous les
formons avec des pièces de monnaie assez disctintes pour
qu'il ne soit pas possible de les confondre ; nous prendrons
par exemple, si vous ne préférez point autre chose, 4 pièces
d'un franc, et 4 sous, les monnaies de cuivre se distinguant
complètement des monnaies d'argent. Des ronds de papier de
nuance différente, ou des haricots, de vulgaires haricots
rouges et blancs, feraient tout aussi bien notre affaire.

Mais prenons 4 pièces d'un franc, et plaçons-les sur une
seule ligne, que nous continuons en posant, à droite, les
4 sous; toutes ces pièces doivent être mises assez près les

unes des autres pour que l'espace entre deux pièces quelconques successives soit moindre que leur diamètre ; ceci afin qu'il soit impossible de glisser une pièce dans un des intervalles. Le problème consiste à obtenir que les pièces se présentent finalement en ordre alterné ; autrement dit qu'on trouve successivement, dans une seule rangée horizontale, un franc, un sou, un franc, un sou, etc. Et ce qui fait la difficulté, c'est que, pour amener les pièces à cette situation finale, on ne peut déplacer à chaque « coup » que deux pièces : deux francs, deux sous, ou bien un sou et un franc, mais toujours deux pièces et deux qui se touchent. Il est loisible de les transporter à n'importe quel point de la ligne horizontale où se trouve placé l'ensemble des pièces, soit au commencement, soit à la fin de la dite ligne, soit dans un espace qui est devenu vacant dans le corps même de la ligne par suite du déplacement antérieur de deux pièces. Il est essentiel que les deux pièces demeurent solidaires dans leur déplacement, qu'elle se retrouvent l'une à côté de l'autre dans leur situation respective, et que la colonne de pièces de monnaie conserve toujours ses distances, ainsi qu'on dit en style militaire.

Au bout de quatre coups seulement, le problème doit être résolu, et les pièces se présenter dans l'ordre alterné qui constitue la solution demandée.

Cette solution peut s'obtenir de deux manières différentes (on pourrait même dire opposées). Afin d'être en mesure de désigner aisément les sous ou les francs que nous voulons mouvoir, nous avons fait tracer des cadres et des colonnes dans la figure où sont représentées les monnaies ; ces colonnes sont numérotées ; rien n'est donc plus facilement compréhensible que de dire, par exemple, que nous portons la pièce 3 dans la case 4, etc. Notre tableau est d'ailleurs partagé en deux tableaux secondaires, dont le premier correspond à la première solution du problème et l'autre à la seconde solution.

Effectuons d'abord la première ligne. Dans la première ligne, prenons les pièces 2 et 3 (qui sont des francs) et transportons-les en 9 et 10 : c'est un premier coup. Du second, nous saisissons les sous numérotés 5 et 6, et allons les déposer, suivant les règles convenues, dans les cases 2 et 3, demeurées vides après le déplacement des deux pièces d'un franc. La troisième ligne du tableau indique bien la situation telle qu'elle se présente alors. Maintenant prenons les deux pièces 8 et 9, qui ne sont pas du reste de même nature, mais qui se touchent, et portons-les dans les cases 5 et 6, qui les attendent : la quatrième ligne de la figure nous montre le résultat de l'opération, elle se fait remarquer déjà par une certaine alternance des sous et des francs, alternance qui va rapidement se compléter.

Si en effet nous enlevons les pièces 1 et 2 de leur case et que nous allions les déposer, toujours suivant les règles, en 8 et en 9, nous obtenons finalement ce que nous désirions : c'est-à-dire une nouvelle rangée de pièces où les sous alternent régulièrement avec les francs, mais dont l'ensemble s'est déplacé tout entier de deux rangs vers la droite. Et cela, comme nous l'avions promis, en quatre coups seulement.

La seconde solution s'obtient au contraire en déplaçant toute la file de deux rangs vers la gauche, comme nous allons le montrer en expliquant rapidement cette seconde solution. Du reste nous commençons les opérations par deux des pièces de l'extrême droite, exactement à l'opposé de ce que nous avions fait tout à l'heure.

Nous prenons les pièces 8 et 9, afin de les déposer en 1 et 2 ; puis, d'un second mouvement, nous nous emparons des pièces 5 et 6, et nous leur faisons occuper les deux places qui se trouvent vides en 8 et 9. Par analogie avec le procédé que nous avons employé dans la solution précédente, et aussi la logique aidant, vous pressentez que nous devons transporter le sou qui se trouve en 2 et le franc qui est en 3, respective-ment dans les cases 5 et 6, qui vont être définitivement occupées. D'un dernier coup nous plaçons les pièces 9 et 10 dans les cases 2 et 3, et le tour est joué, ou du moins la solu-tion est trouvée.

A vous maintenant de chercher si le problème offre d'autres solutions possibles. En tout cas, je vous ferai remarquer que

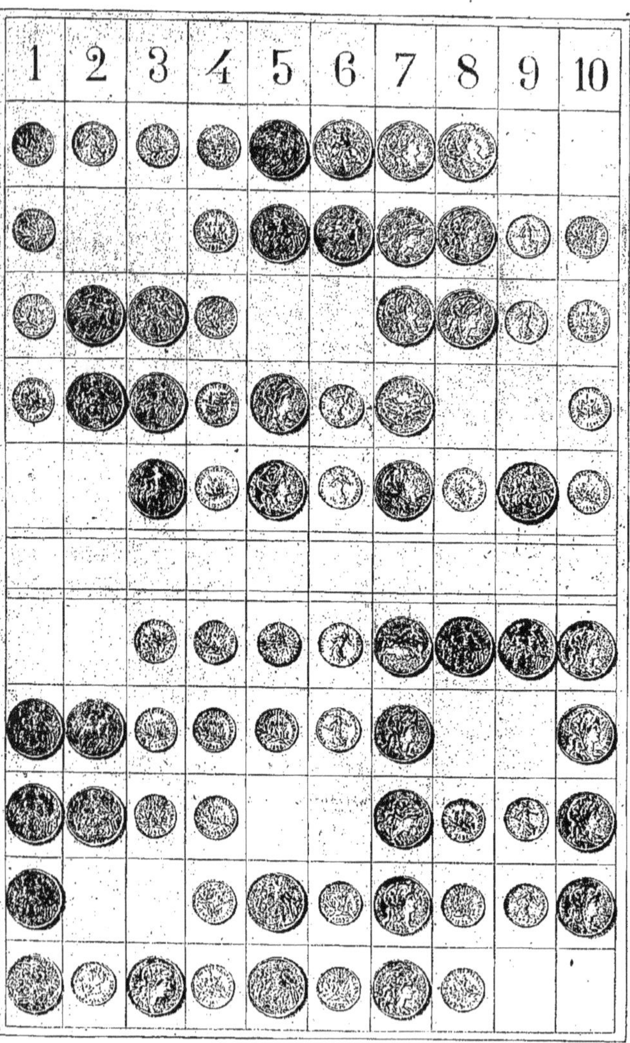

Les deux solutions du problèmes.

vous pourriez renverser les choses, placer d'abord les pièces en ordre alterné, et vous donner comme problème de les mettre en deux séries différentes ininterrompues, où tous les sous seraient ensemble, les francs de même.

LES SAUTS EXTRAORDINAIRES
ET LA FORCE D'INERTIE

CONNAISSEZ-VOUS M. John Higgins? M. Higgins s'intitule *the Champion Jumper of the World*, autrement dit le « champion du monde pour le saut »; et sans vouloir lui faire aucune réclame ni prétendre connaître tous les sauteurs du monde et les distances qu'ils peuvent franchir ou les hauteurs auxquelles il s'enlèvent, il est certain que le « champion » en question accomplit des tours de force vraiment curieux.

Higgins est de taille plutôt au-dessous de la moyenne, car il atteint à peine 1 m. 60; cela ne l'empêche point de sauter *sans tremplin* par-dessus un cheval de forte taille; comme saut de longueur il a pu dépasser 4 m. 54, et, comme hauteur, 1 m. 90. Naturellement il a des muscles robustes, aux jambes comme aux bras, car la musculature des bras est d'une aide puissante pour s'enlever dans le saut. Ses exercices sont d'ailleurs des plus variés : tantôt il franchira une série de sept chaises disposées en file à la suite des unes des autres, et par-dessus lesquelles on en a placé une seconde file de quatre; et il lui faut alors s'élever d'abord à un mètre et demi environ, pour se déplacer ensuite horizontalement en demeurant à peu près à cette même hauteur sur une longueur de quelque quatre mètres. Tantôt il accomplit des tours qui exigent autant de légèreté, de justesse de coup d'œil, que de robustesse : il se tiendra par exemple debout sur une brique, en équilibre instable, prendra son élan sur ce terrain aussi peu élastique que possible, puis viendra tomber sur une sorte de petit piédestal cylindrique où ses deux pieds peuvent à peine trouver place. Il n'y restera qu'un court instant, pour bondir à nouveau et passer par-dessus le dossier d'une chaise placée à plus de trois mètres de distance.

Parfois le *champion* se livre à des exercices de saut « en arrière » : c'est ainsi qu'il franchit une table à écrire ordinaire, de chaque côté de laquelle se trouve une chaise. Il bondit avec une vigueur formidable, et ressemble réellement à un kangourou, surtout dans un saut circulaire qu'il appelle lui-même le *kanguroo feat* : il dispose une série de chaises en cercle, à une certaine distance, environ trois mètres, les unes des autres, et il les saute successivement sans se reposer, en prenant juste pied. A une représentation qui avait même fait l'objet d'un pari très important, M. Higgins réussit à franchir ainsi une suite de quarante-cinq chaises. La chose est prodigieuse, mais elle nous a été absolument certifiée.

Afin de montrer la façon dont notre sauteur s'y prend pour accomplir ses hauts faits, nous avons pensé ne pouvoir mieux faire que de reproduire une photographie qui le représente au moment où il passe par-dessus une voiture de grande taille. Bien entendu, et comme on le constate du premier coup d'œil, il ne s'élève pas du premier coup à pareille hauteur : il saute d'abord du sol sur une table, puis de là par-dessus la voiture. Mais cette table, qui n'a d'ailleurs que soixante à soixante-dix centimètres de hauteur, ne joue nullement le rôle de tremplin; d'autant que Higgins ne fait que s'y poser très légèrement, et en repart presque immédiatement sans grand effort.

Il nous reste encore à parler des trois autres illustrations qui accompagnent ces lignes : elle se rapportent à trois véritables tours de force exécutés par le même sauteur, et sur lesquels il est nécessaire d'insister pour mettre en lumière le principe scientifique qui en est comme la base.

Aussi bien, s'il n'y avait pas dans les exercices de M. Higgins un véritable enseignement scientifique à tirer, nous n'aurions certainement pas eu de motifs de signaler ici ses exploits; mais, ainsi que nous avons eu occasion de le faire

remarquer ici même à propos d'un équilibriste surprenant,
tous les acrobates, les équilibristes, tous ces gens qui
attirent la foule dans les cirques, ont observé les lois physiques

Par-dessus la voiture.

(peut-être sans en connaître la formule scientifique) et nous
mettent sous les yeux d'attrayantes expériences.

Quand, par exemple, Higgins prend son élan pour franchir
un obstacle, ce n'est pas seulement l'anatomiste ou le physio-
logiste qui devra le suivre des yeux pour observer le jeu de
ses muscles : c'est aussi le physicien qui pourra être curieux
de voir la courbe qu'il décrit, les déplacements successifs de
son centre de gravité. Lorsque le sauteur, après s'être courbé
sur ses jarrets, se relèvera brusquement pour s'élancer, ce

même physicien songera qu'il donne une impulsion à la
partie supérieure de son corps, et que la vitesse acquise du
buste tend à entraîner tout le reste du corps.

Cette vitesse acquise résulte de la loi de l'inertie, qu'on
trouve formulée dans le moindre cours de physique, et à
laquelle nous avons déjà fait de fréquentes allusions : le buste
lancé par les jarrets continue sa course comme un boulet
lancé par une catapulte. Mais suivons de plus près les hauts
faits de Higgins, et nous allons apercevoir une application
autrement intéressante de cette même grande loi.

En regardant toutes les photographies que nous repro-
duisons de ces curieux exercices, on s'est aperçu certaine-
nement que le sauteur laisse toujours tomber derrière lui
une paire d'haltères : à quoi cela peut-il bien lui servir que
d'emporter dans sa course ces deux poids qui l'alourdissent
forcément? Tout simplement à se procurer un point d'appui,
et à prendre à nouveau son élan quand il est en l'air. La
chose peut sembler bizarre, mais s'explique parfaitement.

En effet, quand M. Higgins est au milieu d'un saut, tenant
en main et enlevant avec lui les deux haltères, ceux-ci sont
animés du même mouvement que lui; et, en vertu de la
fameuse inertie, ils n'ont qu'une seule tendance passive,
continuer leur course, leur trajectoire. Que maintenant le
sauteur, au lieu de les tenir simplement immobiles, veuille
les rejeter en arrière; ces masses *inertes*, au sens propre du
mot, avec l'entêtement même de leur inertie, n'auront qu'un
désir (si l'on peut employer une expression aussi hardie),
continuer leur chemin en sens inverse de la nouvelle direction que leur imprime le sauteur. Elles réagiront en repous-
sant les mains qui cherchent à les repousser elles-mêmes,
elles fourniront un appui sur lequel notre sauteur s'enlèvera
pour mieux accomplir un de ses sauts extraordinaires.

Le phénomène est encore bien plus facile à obtenir dans
les trois derniers exercices de M. Higgins, exercices sur lesquels nous nous étions promis d'insister : ici il exécute un
« véritable saut interrompu », en faisant une reprise au
milieu de son saut, sans toucher pourtant aucune surface

solide qui puisse lui permettre de poser effectivement les pieds et de donner un point d'appui aux muscles de ses jambes.

Voici le premier de ces sauts étranges. M. Higgins saute par-dessus le dossier d'une chaise qui est disposée sur une

Dans le bassin.

Sur une caisse d'œufs.

table, et il retombe les pieds dans un bassin plein d'eau, bassin placé sur le siège de la chaise. Les semelles de ses souliers touchent bien l'eau et la font jaillir, mais le mouvement de descente ne continue pas : au moment voulu, précis, le sauteur lance les haltères derrière lui, c'est-à-dire qu'il s'appuie sur eux, reprend son élan, et bondit en faisant une nouvelle trajectoire pour retomber doucement sur le sol.

Le haut fait suivant est tout analogue, mais encore plus difficile certainement, car il ne faut pas, sous peine d'une catastrophe, que le « champion du monde » se trompe de quelques millimètres dans son appréciation du moment où il doit reprendre son élan. En effet, il retombe en sautant sur une caisse pleine d'œufs, ou plus exactement sur une masse d'œufs crus; puis c'est de là qu'il repart sans avoir

Sur une bougie.

fait la moindre fêlure aux coquilles, que chaque spectateur peut vérifier.

Enfin l'exercice le plus surprenant est celui que représente l'une des photographies ci-jointes. M. Higgins commence par franchir une table derrière laquelle se tient debout une personne de bonne volonté, coiffée d'un chapeau haute-forme supportant une bougie : le sauteur retombe à pieds joints sur la flamme de la bougie, et on jurerait qu'il va aplatir le chapeau et quelque peu même celui qui le porte; point du tout, il touche la mèche de la bougie, puisqu'il éteint la flamme; mais il repart aussitôt, suivant le procédé que nous avons déjà expliqué, et s'en va tomber assez loin devant le patient, qui a dû ressentir une certaine émotion en comprenant que le sauteur passait ainsi dans l'air à l'effleurer.

Ajoutons que M. Higgins varie encore un peu ce genre d'exercice : il saute par-dessus quelqu'un qui se tient le corps rejeté en arrière, et il marque le nez et le front du patient de deux larges taches noires faites avec du noir

de fumée dont il a enduit préalablement la semelle de ses
souliers. Peut-être en changeant son mouvement quand il
est en l'air, quand il ne peut s'appuyer sur rien, ce sauteur
extraordinaire opère-t-il un peu à la façon des chats, que
M. Marey nous a montrés se retournant en l'air de manière
à toujours tomber sur leurs pattes ; mais encore là serait-ce
sans doute l'inertie d'une partie du corps qui offrirait un
appui aux muscles mis en action. Ce qu'il faut se rappeler
surtout, c'est le rôle joué par ces deux masses métalliques
que le sauteur emporte avec lui, et qui fournissent une
démonstration amusante, s'il en fut jamais, d'une des
grandes lois de la physique.

LES AMUSEMENTS DE LA MÉCANIQUE

Veuillez noter que nous n'entendons point ce mot de
mécanique dans le sens de mécanisme et de petits
appareils plus ou moins compliqués, comme en pourrait
construire quelque mécanicien, mais sous le sens primitif et
absolu, tel qu'on le prend dans la théorie scientifique. Nous
avons en vue cette partie de la physique que l'on ne fait que
faire toucher légèrement à ceux qui ne veulent pas faire des
mathématiques approfondies, et que l'on considère toujours
comme une des plus difficiles de la physique.

Pourtant cette science à réputation si rébarbative est aisée
à comprendre dans ses grands principes ; et cela d'autant que,
dans la vie, nous sommes entourés d'applications diverses
de ces principes, on pourrait presque dire que nous en vivons,
et que, comme M. Jourdain pour la prose, nous faisons de
la mécanique et même nous la connaissons sans nous en
douter nullement. Il est vrai que cette connaissance est purement instinctive. Aussi est-il fort amusant de chercher précisément à mettre en lumière les applications que nous faisons de cette admirable science : cela nous réserve des sur-

prises, et a encore cet avantage de jouer à notre prochain des mauvais tours, qui semblent presque des tours de prestidigitation à qui ne comprend pas l'explication physique ou n'y songe point.

Équilibre, centre de gravité, décomposition des forces sont des mots bien abstraits, et dont la plupart des gens ne saisissent que bien vaguement le sens ; alors qu'il est si facile de les préciser, simplement en montrant la façon constante dont nous faisons appel aux principes que ces mots recouvrent dans le moindre de nos actes de la vie quotidienne. Nous n'aurions qu'à prendre un exemple bien commun et pourtant caractéristique, la marche, le pas ordidaire, où nous appliquons continuellement les règles les plus diverses de l'équilibre et du centre de gravité, suivant que nous marchons en terrain plat, que nous montons une côte, ou qu'au contraire nous descendons une pente. Sans réflexion aucune, uniquement par suite des expériences répétées que nous avons faites alors que nous étions enfants et tout oscillants sur notre base, nous savons qu'il faut nous pencher en avant quand nous montons ; car autrement notre centre de gravité serait en dehors de l'appui que nous donnent nos deux pieds, et nous risquerions de tomber en arrière. La chose est tellement instinctive, que je vous défie bien, tandis que vous marchez, et qu'alternativement et volontairement vous déviez à droite puis à gauche, de vous rendre compte de la façon dont vous vous y prenez pour opérer cette déviation, en déplaçant à la fois et la jambe et le pied, et aussi le centre de gravité de votre corps.

Mais les expériences sur soi-même, tout en ayant un caractère plus scientifique, présentent moins d'intérêt et de drôlerie que les observations que l'on peut faire quelque peu aux dépens du voisin ; ces observations donnent du reste les résultats les plus surprenants au premier abord.

Priez un ami de se placer debout le long d'une porte fermée, latéralement à cette porte, et comme le montre la figure 1 : on pourrait aussi bien lui demander de se tenir le long d'un mur, d'une cloison quelconque, mais il vaut mieux choisir une porte, afin de pouvoir donner une explication tangible du phénomène curieux qui va se produire, et qui constitue une véritable expérience de mécanique animale. Il importe essentiellement que tout un côté de son corps, le côté droit par exemple, touche exactement la porte, en particulier son épaule et surtout son pied droits. Et maintenant demandez-lui une chose bien simple : de soulever son pied gauche, de manière à ne plus reposer que sur le pied droit, et cela durant un faible instant. Vous pouvez être sûr que, quelle que soit son habitude de la gymnastique la plus échevelée, il lui sera bel et bien impossible de se livrer à cet exercice élémentaire, qu'il exécuterait pourtant sans difficulté aucune en temps ordinaire, ou du moins au milieu d'une pièce. Nous ne ferons pas comme un des collaborateurs spéciaux du *Journal de la Jeunesse*, et nous n'invoquerons pas la puissance de la baguette magique, que nous ne possédons point du reste.

C'est de la mécanique, puisque c'est de l'équilibre ; de la mécanique animale, et que l'on pratique le plus communément du monde sans en connaître la théorie. Notre patient ne peut soulever le pied gauche, en ne donnant plus comme appui à son corps que le pied droit, tout simplement parce que, collé le long de la porte, il lui est impossible de faire un mouvement du torse pour déplacer le centre de gravité de son corps. Or, quand il est venu se placer devant la porte, il avait sa base d'appui naturelle, ses deux pieds, et ce centre de gravité (loi essentielle de l'équilibre) passait par sa base de sustentation, pour employer un mot savant qui n'est pas aussi effrayant qu'il le semble, cette base de sustentation étant précisément ses deux pieds. S'il veut, se tenir sur un pied, la base de sustentation devient étrangement plus étroite, il faut obliger le centre de gravité à venir passer par cet appui ; et, si notre homme était libre de ses mouvements, il se pencherait sensiblement vers la droite pour déplacer son centre de gravité et le ramener au point voulu. Mais comment lui serait-il loisible d'opérer ce déplacement de son buste, puisqu'il est collé le long d'une paroi

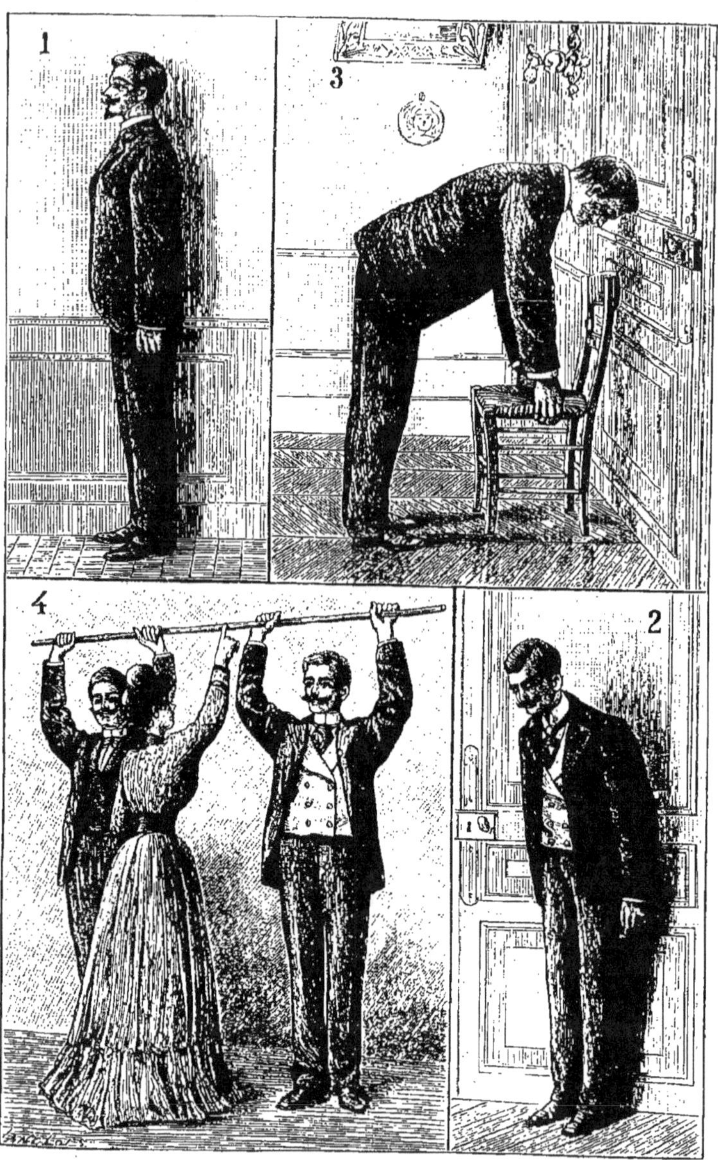

Quelques positions embarrassantes.

immuable? Il s'épuisera donc en vains efforts, quelle que soit son habileté : il lui est matériellement impossible de se tenir sur un pied, et s'il s'entête à essayer, il tombera forcément du côté gauche. D'ailleurs, on peut aisément faire une expérience complémentaire qui viendra confirmer notre explication, et fera saisir encore mieux cette loi mécanique du centre de gravité et de la base de sustentation. Que votre ami reprenne exactement la même place, les points qu'occupaient ses pieds ayant été marqués d'un trait de craie, et après que la porte aura été ouverte : rien ne lui sera plus facile cette fois que de soulever son pied gauche; mais si vous observez le haut de son corps au moment où il lève le pied, vous verrez qu'il se penche sensiblement à droite. Il se peut du reste que ce ne soit pas toujours le haut du buste qu'on penche, car on obtiendrait le même résultat en faisant faire au corps une courbe très prononcée à l'aplomb de la ceinture : le centre de gravité n'en serait pas moins déplacé.

Les expériences de ce genre peuvent être multipliées aisément, qui feront comprendre quels mécaniciens et quels équilibristes surprenants nous sommes dans la vie de tous les jours, et dans les circonstances même les plus ordinaires. C'est ainsi encore que vous pouvez vous mettre vous-même devant un mur, le dos tourné à ce mur, et essayer alors de vous baisser, comme vous le faites constamment, j'entends sans plier les genoux : cela vous sera absolument impossible, tout comme si vous étiez cloué au mur, et pour une raison analogue à celle que nous avons donnée tout à l'heure : parce que vous ne pouvez rejeter en arrière une partie du corps pour faire équilibre au buste. Continuez la tentative, et vous tomberez le nez par terre, votre centre de gravité tombant lui-même en dehors de la base par laquelle vous prenez appui sur la terre.

Voici une autre expérience du même genre qui vous permettra de jouir de la surprise de celui qui en sera la victime; d'autant qu'elle se présente sous un aspect particulier qui n'éveillera pas ses soupçons, même lorsqu'il sera passé par la première expérience. Vous priez le patient de placer une chaise à dossier bas devant un mur (le dossier bas n'est pas une nécessité absolue, il a pour but seulement de ne point gêner la tête, mais on pourrait prendre une chaise quelconque en la mettant de côté), la chaise presque à toucher la muraille ; puis de se pencher, en posant ses pieds relativement loin de la chaise, et en s'appuyant des deux mains sur le siège, de manière que sa tête vienne reposer sur le mur. C'est ce que représente la figure 3. La fin de l'opération consiste simplement à saisir les bords du siège des deux mains, à le soulever de terre, et enfin de se relever soi-même en faisant abandonner à sa tête l'appui, peu moelleux d'ailleurs, que lui fournit la muraille. Soulever la chaise, rien de plus aisé ; mais quand ensuite on veut se relever soi-même, c'est une impossibilité absolue. Et notre homme pourrait se débattre éternellement dans cette position un peu ridicule, s'il ne lui venait pas la pensée de reposer sa chaise à terre... et de se relever tout uniment en s'appuyant dessus des deux mains, comme il l'avait fait pour se courber et se mettre la tête contre le mur.

C'est, qu'en effet, nous lui avons fait placer la tête de telle façon, et surtout poser les pieds si loin de la chaise et de la muraille que, quand il s'est penché, il était complètement hors d'équilibre : le fameux centre d'équilibre se trouvait dans le grand rectangle formé par les pieds mêmes de la victime et les pieds de la chaise, c'était la base d'appui ; et si l'on venait à modifier et réduire cette base en soulevant la chaise, notre homme n'était plus empêché de tomber que par l'appui qu'il prenait sur le mur avec le sommet de sa tête. Il n'avait point la ressource de pencher le corps en arrière pour rattraper son équilibre, comme on dit, car il eut fallu d'abord qu'il se redressât ; et là était précisément la difficulté insurmontable quand le point d'appui de la chaise manquait. On serait peut-être tenté de penser que c'est le poids de la chaise qui entraîne le patient ; mais il n'en est rien, la chaise pouvant être choisie au reste aussi légère qu'on le veut, et il ne faut pas penser davantage qu'un homme robuste pourrait se tirer de ce mauvais pas. Un hercule est absolument désarmé contre les lois de l'équilibre.

Nous avons parlé tout à l'heure de décomposition des forces : c'est là un de ces termes savants bien faits pour effrayer ceux qui s'imaginent que la science est forcément rebutante, parce qu'elle emploie des mots spéciaux pour exprimer des choses particulières. Mais voici une double expérience qui va faire comprendre, au moins dans son essence, ce que c'est que cette fameuse décomposition des forces, et aussi qui permettra de bien surprendre ceux qui ne veulent point réfléchir à toutes ces questions, si amusantes quoique scientifiques.

Demandez à deux hommes de bonne volonté de prendre un grand bâton résistant (un manche à balai sans son balai serait tout à fait ce qu'il faut), et faites-leur tenir ce bâton à deux mains, à la hauteur de la ceinture. Si maintenant vous demandez à une autre personne de force très moyenne, à une femme par exemple, de pousser ou plutôt d'essayer de pousser les deux porteurs du manche à balai, vous pouvez être assuré qu'elle n'y parviendra point : et cela non seulement parce que les deux hommes sont plus robustes et qu'ils sont deux, mais aussi parce que, instinctivement, ils rejettent une jambe en arrière pour s'opposer au mouvement de glissement que pourrait leur imprimer l'effort qu'on excerce contre le bout de bois et par conséquent contre eux. Précisément ils font appel ainsi à la décomposition de la force, car cet effort qui, s'ils ne mettaient pas une jambe inclinée derrière l'autre, s'excercerait uniquement dans le sens horizontal, maintenant que l'édifice de leur corps a une sorte d'arc-boutant, va s'exercer en partie dans le sens horizontal et en partie aussi suivant la direction des arcs-boutants. L'effort viendra alors partiellement se heurter à la terre, qui forme un obstacle invincible, et mieux les porteurs du bâton s'y sauront prendre pour assurer cette décomposition de la force et transmettre au sol la plus grande partie possible de l'effort subi, plus ils auront de facilité pour résister audit effort.

Changeons maintenant les dispositions, et prions les deux

mêmes personnes de prendre le bâton à bout de bras, comme
le montre la figure 4 ; elles doivent, de plus, se tenir droites,
les pieds joints et talon contre talon. Si alors une femme vient
pousser légèrement le bâton, même du doigt, il y a beaucoup
de chance pour qu'immédiatement les deux hommes soient
obligés de reculer devant une « faible femme ». C'est qu'ici
ils sont en équilibre fort instable, leur base d'appui est bien
peu large ; et s'ils commencent à s'incliner le moins du monde
en arrière sous la pression, ils sont obligés de reculer effectivement pour rattraper leur équilibre. Or, ils ne peuvent pas
songer à recourir à une combinaison qui leur permettrait de
décomposer la force, puisqu'ils se tiennent droits et qu'ils
n'ont pas porté un pied en arrière ; même dans cette situation, ils n'auraient pas grand avantage, parce que ce n'est
plus comme tout à l'heure, l'arc-boutant ne se trouve plus se
rattacher à la hauteur même ou s'applique l'effort auquel il
faut résister. Un détail (et encore relatif à la décomposition
des forces) vient ajouter à la situation défavorable dans
laquelle se trouvent les deux hommes luttant contre la femme
seule : la femme étant vraisemblablement plus petite que ses
deux antagonistes, son bras vient pousser obliquement le
bâton, et les deux hommes, sentant une partie de l'effort
exercé qui se décompose suivant une direction de bas en haut,
raidissent leurs bras tout instinctivement pour empêcher le
bâton d'être soulevé ; et ils ont par conséquent d'autant moins
de force pour résister à la seconde partie de l'effort (ce qu'on
appelle la seconde composante dans le style effrayant de la
mécanique), qui a pour résultat de pousser le bâton horizontalement, et par conséquent de faire sortir le centre de gravité des deux hommes hors de leur fameuse base d'appui.

Voilà une bien longue leçon de mécanique ; mais elle nous
semble du moins présenter l'avantage de faire saisir quelques-
uns des grands principes de cette science, et aussi celui (qui
est peut-être plus apprécié par beaucoup de lecteurs) de
fournir quelques récréations bien innocentes et d'une exé-
cution particulièrement facile.

LES FORCES MYSTÉRIEUSES DE LA NATURE

CAPILLARITÉ ET TENSION SUPERFICIELLE

Vous vous rappelez peut-être que nous avons déjà parlé de ces choses qui semblent si effrayantes d'abord, de capillarité et de tension superficielle; et nous étions finalement arrivé à cette conclusion que la tension superficielle n'en est qu'une manifestation. Dans la nature, tout n'est qu'attraction et répulsion. Voyez une bulle de savon : la mince couche d'eau savonneuse qui en forme l'enveloppe est douée d'une telle tension superficielle, c'est-à-dire qu'elle forme une pellicule si résistante, toutes les particules dont elle est composée ont une attraction si considérable les unes avec les autres, que c'est cette attraction, cette tension (pour employer le mot scientifique et consacré) qui suffit à maintenir enfermé l'air qu'on a soufflé dans la bulle. Du reste, la tension d'un liquide savonneux est beaucoup plus forte que celle de l'eau ordinaire. Par suite des diversités dans la tension superficielle et dans la capillarité, il se produit, au contact de tels ou tels liquides entre eux ou avec tel ou tel solide, des variétés infinies de phénomènes et de manifestations. Trempons tout simplement le bout de notre doigt dans de l'eau, puis soulevons-le peu à peu : nous verrons que l'eau suit notre doigt bien au-dessus du plan normal qu'elle a dans le récipient où elle se trouve. L'eau grimpe en réalité au bout du doigt, tout simplement par suite de la capillarité, de cette force attractive qui s'exerce à sa surface.

Nous pouvons utiliser cette force attractive, cette capillarité, à soutenir un poids véritable, bien faible en lui-même et pour nos muscles, mais qui n'en est pas moins fort appréciable pour quelques minuscules gouttes d'eau. Prenons un crayon, que nous maintiendrons horizontalement, et sous lequel nous verserons quelques gouttes d'eau; ensuite rapprochons-en un autre petit cylindre léger et bien droit, pour que le contact soit à même de s'établir intimement : ce second cylindre sera par exemple un fétu de paille, un de ces brins très droits qu'on emploie à faire des cadres ou des petits ouvrages du même genre. L'eau va faire entre le crayon et le tube de paille l'effet d'une vraie colle : ce dernier sera soutenu en-dessous du crayon précisément par l'eau que nous avons déposée sous ce crayon, et grâce à l'attraction, à l'action capillaire qui s'exerce entre le liquide et les surfaces qu'il touche. On peut, avec quelques précautions, faire soutenir un crayon léger sous un gros crayon.

Les jours de brume, quand le brouillard se condense un peu partout, ou après certaines grosses pluies, ces gouttes d'eau que vous voyez suspendues aux branches des arbres ne sont soutenues que par la force de la capillarité; bientôt d'ailleurs, au fur et à mesure qu'elles grossissent en glissant le long de la branche et en se réunissant à d'autres gouttes qu'elles rencontrent sur leur chemin, il arrive un moment où leur poids est trop considérable pour la force qui les soutient; et alors elles se séparent de la branche et tombent à terre. Les observations peuvent se multiplier sur ce sujet curieux : si vous regardez parfois couler l'eau en temps d'inondation, vous verrez passer des sortes de petits radeaux constitués par des brindilles de bois, des fétus de paille qui sont maintenus collés les uns aux autres par la simple capillarité, ou la tension superficielle, comme vous voudrez, de la nappe d'eau à la surface de laquelle ils flottent.

Nous avons bien l'intention de laisser au lecteur le soin de faire quelques découvertes dans ce domaine; et nous lui conseillerons seulement de se livrer à des expériences avec des liquides variés, en essayant, par exemple, de verser de l'alcool dans du café répandu sur une soucoupe, chose aisée à exécuter à la fin d'un repas, ou encore en laissant tomber quelques gouttes d'eau dentifrice alcoolique dans un verre d'eau pure. Là, il pourra saisir sur le vif la lutte des tensions superficielles diverses des liquides, celui dont la tension est la plus forte envahissant l'autre, lançant comme des tentacules et demeurant finalement victorieux. De même, prenez un verre à pied et remplissez-le d'eau; puis recouvrez-le

4

d'une feuille de papier que vous appuyez assez énergique-
ment, et renversez-le suivant une méthode qui a été bien
souvent décrite : vous pouvez de la sorte le déposer renversé
sur un marbre, et dans une pièce dont vous ne craignez point
de souiller le plancher (vous allez voir pourquoi). L'eau ne
s'écoulera point. Or, si vous versez du vin rouge sur le pied
du récipient, ce vin coulera bien le long de la panse du verre
et tombera à terre, mais une partie, en arrivant au point du
contact du verre avec la feuille de papier, va remonter, s'infiltrer à l'intérieur du verre par capillarité, et vous verrez
ainsi des volutes rouges monter en nuages dans l'eau.

Tout le monde possède une lampe à pétrole, et l'on doit
savoir que c'est uniquement grâce à la capillarité que l'hydro-
carbure monte dans la mèche et atteint le bec où se fait la
combustion; point besoin de compression du liquide, comme
dans les anciennes lampes à huile, parce que l'attraction
capillaire s'exerce avec beaucoup plus de puissance sur le
pétrole que sur l'huile. Mais avec un brin de laine, une
simple torsade de coton, nous pouvons mettre en évidence
l'action capillaire : pour cela nous n'avons qu'à plonger une
des extrémités de la torsade dans un verre plein d'eau, et à
laisser pendre l'autre bout à l'extérieur du verre : nous verrons bientôt, par ce bout, l'eau tomber goutte à goutte, tout
simplement parce qu'elle a grimpé le long du fil sous l'action
de la capillarité. Elle a continué son chemin jusqu'au bout,
tombant ensuite quand le poids de l'eau accumulée était
assez considérable pour vaincre l'attraction causée par la
capillarité, ainsi que nous l'avons vu tout à l'heure pour les
gouttes d'eau pendues sous les branches d'arbre. Dans les
innombrables champignonnières qui sillonnent le sous-sol des
environs de Paris, on utilise la capillarité sous une forme
qui rappelle un peu cette petite expérience, afin de faire
descendre l'eau dont on a besoin dans les galeries souter-
raines pour arroser le fumier sur lequel pousseront les cryp-
togames. On attache une corde à un robinet disposé à la
surface du sol, et d'où coule un filet d'eau; cette corde des-
cend par un puits jusqu'au fond de la champignonnière, et

Les manifestations de la capillarité.

le courant d'eau la suit fidèlement jusqu'au point où elle aboutit dans un récipient qui recueille l'eau. On remplace ainsi un tuyau dans lequel l'eau serait enfermée, et elle est maintenue dans la bonne direction; elle ne tombe point à terre sous l'influence de gravité et de son poids, tout simplement grâce à cette précieuse capillarité que nous avons invoquée tant de fois. Du reste, enfoncez une petite brindille de bois dans l'orifice d'un robinet, et cette brindille conduira parfaitement l'eau sur toute sa longueur comme le ferait un tuyau, à condition que la masse d'eau ne soit pas trop considérable pour vaincre, sous son poids, l'action de la capillarité; et à condition aussi que la brindille ne vienne pas en contact avec un obstacle; car alors la capillarité s'exercerait entre cet obstacle et l'eau, qui glisserait le long de la nouvelle surface s'offrant à elle.

Nous devons noter que l'attraction capillaire se fera bien mieux sentir par l'intermédiaire d'une cordelette que le long d'un bâton : c'est que tout filament, corde de chanvre, étoffe de coton, poil d'animal, corde à violon, cheveu même, est essentiellement hygroscopique : tous ces corps présentent des fentes minuscules où l'humidité vient se condenser, et où l'eau trouve à manifester sa puissance capillaire d'une façon particulièrement intense. De fissure en fissure, l'attraction s'exerce, et finalement on voit chaque gouttelette cheminer d'un bout à l'autre du filament.

Que le lecteur essaye de suivre ces indications générales et de varier les expériences tout élémentaires que nous lui signalons, et réellement il marchera de surprise en surprise : ici, par exemple, ce seront quelques parcelles de camphre qu'il jettera sur l'eau, et il verra la tension superficielle différente de l'eau et du camphre donner lieu aux tourbillons les plus inexplicables pour qui ne connaît pas cette admirable loi physique. Une façon fort surprenante d'obtenir un résultat quelque peu analogue consiste à égrener sur de l'eau des fleurs de lavande : il s'en échappe aussitôt un peu de cette essence qui donne le parfum à la fleur, et c'est alors une lutte entre tensions superficielles, qui fait tournoyer les

petites fleurs un peu dans tous les sens. Jetez, d'autre part,
sur une assiette pleine d'eau un brin de paille, que vous
aurez au préalable plié de manière à lui faire former un angle
très aigu : laissée à elle-même et à sec, cette tige serait
demeurée pliée ; mais la voici sur l'eau, le liquide va s'infiltrer dans les minuscules canaux qui sont ménagés dans son
enveloppe, cela naturellement en vertu de la capillarité ; et,
en gonflant ces canaux intérieurs, l'eau fera disparaître l'angle
que forme la tige de paille, autrement dit celle-ci se redres-
sera complètement au bout d'un certain temps.

Mais voici le moyen de se fabriquer un appareil curieux
auquel on ne songerait assurément pas, et qui va permettre
de rendre plus tangibles et plus manifestes quelques-uns des
phénomènes de la capillarité. Vous vous procurez une petite
bouteille pharmaceutique de dix centimètres à peine de hauteur, et vous en faites disparaître le fond en coupant le verre
de sa paroi circulairement et à une faible distance de ce fond :
soit avec un diamant de vitrier, soit en traçant un trait de
lime à la surface du verre à l'endroit où l'on veut opérer la
section, puis en promenant sur ce trait une tige de fer rougie
au feu. Au reste, il n'est absolument pas nécessaire que la
section soit tout à fait régulière. On enlève de même manière
le petit bourrelet de verre qui orne le goulot de la bouteille,
tout uniment parce que ce bourrelet gênerait l'insertion dudit
goulot dans un tube de caoutchouc, qu'on se procurera de diamètre convenable, et seulement de quelque vingt-cinq à trente
centimètres de longueur. Dans l'extrémité libre du tube de
caoutchouc on fait pénétrer la pointe d'un entonnoir quelconque : on a ainsi préparé ce qu'on nomme des vases communicants, et si l'on remplit d'eau l'ensemble des deux récipients et du tube, dès qu'on soulèvera légèrement l'entonnoir
au-dessus du plan horizontal où l'on maintenait les deux
récipients, le niveau du liquide contenu dans l'appareil
s'abaissera dans l'entonnoir pour monter au contraire dans
la bouteille renversée. En somme, on a constitué de la sorte
un niveau d'eau à vases communicants, que nous n'emploierons point à des nivellements, mais dans un tout autre but.

D'ailleurs, pour soutenir plus aisément cet appareil improvisé, nous lui ferons un pied, tout simplement sous la forme
d'une tige de bois fixée verticalement dans une plaque horizontale de bois également, et portant une sorte de petite
potence horizontale, que l'on obtient facilement avec un fil
tortillé autour de la tige et se recourbant pour donner un
appui circulaire où l'on puisse placer la panse de la bouteille
qui constitue un de nos récipients.

Ainsi armés, nous pouvons rendre bien évidents, par des
dénivellations rapides de la surface liquide dans le haut ou
plus exactement dans le fond de cette bouteille renversée, des
phénomènes capillaires qui surprendront par leur variété.
Passons sur les bords de ce fond de bouteille, de ce que nous
appelons un peu ambitieusement notre récipient fixe, un peu
d'huile ou encore mieux un peu de paraffine ou de cire
d'abeille, et soulevons ensuite l'entonnoir au-dessus de son
niveau normal : l'eau va s'élever dans la bouteille, et cela en
formant ce qu'on nomme un ménisque convexe, une petite
colline d'eau. La tension superficielle de l'eau vient se heurter
à cette cire que le liquide ne peut mouiller, elle est repoussée ;
et au lieu que l'eau soit attirée par le rebord de verre pour
s'échapper ensuite au dehors, elle constitue un bourrelet,
auquel on peut arriver à faire prendre une hauteur relativement considérable.

Procurons-nous maintenant une petite boule de verre
creux, tout simplement une de ces sphères minuscules qu'on
accroche aux arbres de Noël, et dont nous boucherons le trou
avec un peu de cire, de manière qu'elle soit en état de flotter ;
nous la posons à la surface du liquide dans notre récipient
fixe, puis nous nous arrangeons, en tenant l'entonnoir légèrement abaissé, de façon que le niveau de l'eau dans la bouteille soit un peu au-dessous du bord : dans ce cas, la boule
de verre va se coller le long de ce bord. Brusquement nous
relevons l'entonnoir, ce qui fait monter l'eau dans la bouteille
et se former le ménisque convexe dont nous avons parlé
tout à l'heure ; et, aussitôt, la tension superficielle qui s'exerce
à la surface de ce ménisque a pour effet de détacher vive-

ment la boule de verre du bord où elle s'était collée, et de l'emporter au sommet même du ménisque : si nous l'écartons de ce sommet, la force véritable à laquelle elle est soumise va l'y ramener avec une rapididé et une sûreté surprenantes. Par contre, si nous abaissons de nouveau l'entonnoir, de telle façon qu'il se forme dans l'ouverture du récipient un ménisque concave, une sorte de cuvette, alors la boule de verre, en s'abaissant avec la surface du liquide, va se coller immédiatement et encore une fois au bord de la bouteille, à l'extérieur et non plus au centre du ménisque.

Réellement tous ces phénomènes sont bien curieux; et si nous n'en avions pas déjà parlé un peu longuement, nous eussions attiré l'attention sur ce fait que des fils métalliques nullement enduits d'huile, comme des spirales d'aluminium, flottent parfaitement à la surface de l'eau, quand on les y dépose tout doucement : certainement par suite de ce fait que ces fils sont entourés d'une gaine de bulle d'air, et que la tension superficielle de l'eau vient se heurter à celle de l'air, la gaine d'air reposant alors à la surface liquide et formant flotteur. Mais nous laissons aux lecteurs que ces quelques indications auront intéressés le soin de chercher d'autres manifestations de ces forces mystérieuses.

<hr>

LES PETITES MERVEILLES
DE L'ÉTINCELLE ÉLECTRIQUE

Pour qui ne s'effraye pas de cette formidable manifestation des phénomènes naturels, rien certainement n'est plus beau qu'un éclair, dont l'éclat aux formes innombrables et infiniment variées déchire les nuées noires de l'orage. Il ne faut pas croire que ce soit toujours la fameuse épée flamboyante, apparence qu'il prend assurément assez souvent, mais sous laquelle les dessinateurs tenaient autrefois à constamment le représenter; il est vrai qu'à cette époque la photographie ne donnait pas encore le moyen de saisir l'éclair sur le vif, si l'on peut dire. Depuis lors, l'instantané a mis la reproduction de l'électricité atmosphérique à la portée de tout le monde, pour peu qu'on connaisse les dispositions opératoires à prendre, et dont il ne nous appartient pas de parler.

Mais on n'a pas la foudre à ses ordres quand on désire admirer ses effets si variables et si curieux, et, de plus, les grondements du tonnerre et les éclats de l'éclair ne sont pas sans émotionner désagréablement bien des gens ; aussi a-t-on essayé, dans les laboratoires de physique, de produire des imitations plus ou moins approchées de ces phénomènes au moyen des machines électriques ; et non seulement on est parvenu à imiter, presque à s'y méprendre, les traits gladiolés de la foudre, mais encore les expérimentateurs les plus ingénieux ont combiné des dispositifs qui permettent d'obtenir des étincelles sous les formes les plus variées, les figures lumineuses les plus extraordinaires, et souvent les plus élégantes. Ajoutons que, grâce à cette admirable découverte de la photographie, que l'on n'apprécie certainement plus à sa valeur, aujourd'hui que chacun peut la mettre si aisément à profit, on ne se contente plus de produire ces phénomènes remarquables : on a la possibilité de les enregistrer avec une fidélité absolue. Et ceux qui n'assistent pas aux expériences ont cet avantage d'en pouvoir admirer les résultats.

C'est, nous l'espérons, ce que se diront nos lecteurs en examinant une série de photographies instantanées représentant des décharges électriques, et dont nous sommes redevables à l'obligeance d'un savant professeur de Nantes, M. le Dr Leduc, professeur à l'École de médecine de cette ville. Nous ferons remarquer immédiatement, pour ceux qui s'étonneraient de constater combien ces décharges sont différentes des coups de foudre, des éclairs les plus flamboyants, que des dispositions spéciales ont été prises pour obtenir ces résultats : ce sont ces dispositions que nous allons indiquer brièvement.

En fait, M. Stephan Leduc n'a pas poursuivi au hasard la

photographie d'étincelles électriques; il a voulu diriger la
décharge électrique sur la plaque photographique sensible de

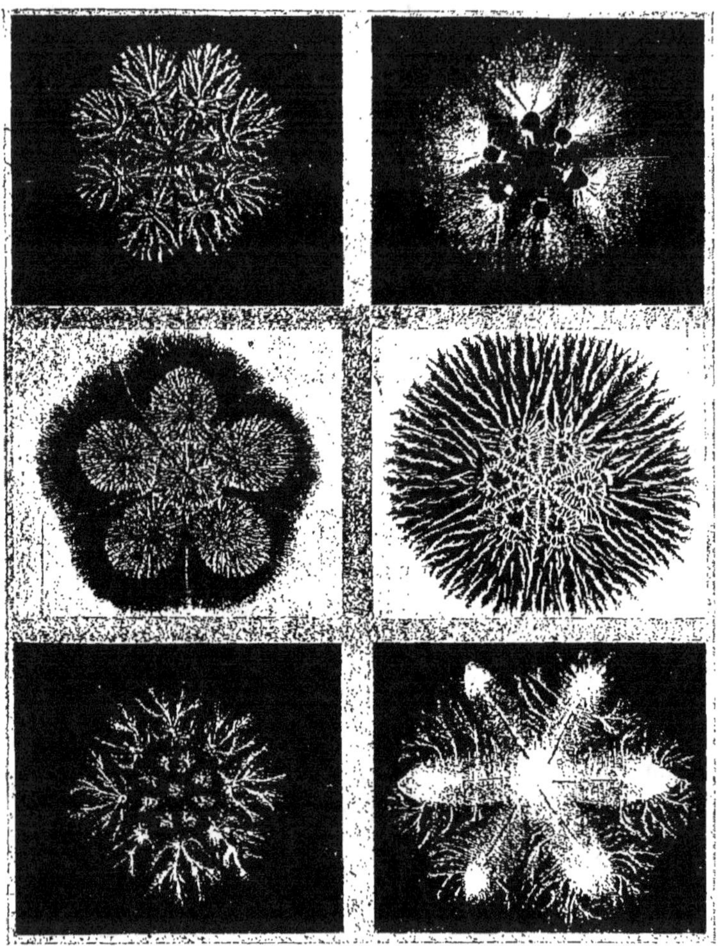

Photographies instantanées de décharges électriques.

manière à rendre régulier et symétrique le rayonnement des
étincelles de la décharge. Cette symétrie, accompagnée de
l'infinie variété des ramifications des étincelles, se dispersant

à la surface de la plaque sensible, peut donner des dessins
qui, certes, fourniraient des motifs décoratifs des plus heureux, ainsi qu'on en jugera d'après divers clichés obtenus par
M. Leduc.

Voici en deux mots comment on opère pour réaliser ces
curieuses et élégantes photographies. On commence par
découper, dans une feuille de carton de bonnes dimensions,
les dessins symétriques généraux que l'on veut obtenir; et
cette sorte de patron est mis à plat sur une plaque photographique au gélatino-bromure d'argent. Comme de juste, on
opère dans un cabinet photographique, éclairé à la lumière
rouge, parce que, quoiqu'il ne s'agisse pas de photographie
proprement dite, il faut que la plaque garde sa sensibilité
d'impression. On répand ensuite sur cette plaque ainsi
couverte partiellement, et au moyen d'un tamis fin, une
poudre isolante comme de la fécule, de l'amidon, du soufre,
ou une poudre métallique faite d'un oxyde. On peut alors
enlever doucement le patron, l'écran de carton : la plaque,
qu'on se sera bien gardé de remuer brusquement, aura
conservé son dépôt de poudre reproduisant toutes les décou-
pures que l'on avait faites dans la feuille de carton, tandis
que le reste de sa surface sera demeuré absolument net. On
peut varier la préparation de la plaque, non seulement en
découpant les dessins les plus divers dans le carton, mais
encore en disposant à la surface de la plaque des lames de
plomb, de cuivre, de fer-blanc présentant les formes les plus
diverses, et jouant toujours ce rôle de protéger certaines
parties de la plaque de la couche pulvérulente, pour former
des réserves. Ce qui varie encore les résultats et leur donne
même un imprévu qui fait le charme de ces petites expériences, c'est que les lignes lumineuses laissées ensuite sur
la plaque seront plus ou moins précises suivant la finesse ou
la densité de la couche de poudre; des épaisseurs compactes
donneront des lignes très fines, et l'on peut diversifier encore
les combinaisons en employant plusieurs sortes de poudres,
qu'on distribuera de façons différentes au moyen de patrons
de carton découpés de manières diverses.

Pour arriver au résultat définitif, il ne s'agit pas, encore une fois, de faire une photographie, mais de se livrer à une petite expérience de physique qu'on peut mener à bien dans le laboratoire le plus modeste, et même sans laboratoire : il suffit, en effet, pour engendrer le courant électrique donnant l'étincelle que l'on va faire éclater entre les deux faces de la plaque sensible, d'un générateur électrique du type le plus simple, et de dimensions, de puissance très réduites. On peut se contenter d'une bobine d'induction dite de Ruhmkorff, appareil que connaissent tous ceux qui ont les moindres notions de physique, ou d'une bouteille de Leyde ; on peut aussi utiliser une machine statique, une de ces machines à plateaux de verre qu'on rencontre même chez les marchands de jouets aujourd'hui.

Une fois la plaque photographique préparée comme nous l'avons indiqué, on la place sur une feuille de métal son côté non sensibilisé reposant sur cette feuille ; puis celle-ci est mise en communication avec un des pôles du générateur d'électricité auquel on va demander la décharge électrique. L'autre pôle de ce générateur est relié à une pointe métallique qui vient au contact de la plaque sensible, au milieu même de la figure symétrique dessinée, sur la surface gélatinée, par les poudres qu'on y a répandues. Pour ceux de nos lecteurs qui ont quelques notions élémentaires d'électricité, nous dirons que cette plaque de verre reposant sur une plaque métallique, et enduite sur son autre face d'une couche de gélatino-bromure, c'est un condensateur. On fait passer le courant électrique ; c'est-à-dire qu'une décharge, et une seule, jaillit à travers le condensateur. On nettoie alors la plaque à l'aide d'un linge bien sec, et de façon à enlever toute la poudre qui s'y trouvait, puis il ne reste plus qu'à développer le cliché véritable produit sur la plaque sensible. Le résultat est d'autant plus attrayant, qu'il est toujours plus ou moins imprévu, parce que, comme nous l'avons déjà expliqué, l'épaisseur des lignes lumineuses, leur disposition même, dépendent pour beaucoup de l'épaisseur donnée aux couches de poudres répandues à la surface du gélatino-bromure.

LES BIZARRERIES DES CHIFFRES

Quoi qu'en pensent ceux qui se sont laissé rebuter dès le début par les joies des sciences exactes, et notamment par les mathématiques, on peut trouver de véritables amusements dans maintes applications de ces sciences ; relever bien des particularités curieuses dans la simple arithmétique entre autres. Bien entendu, ce ne sont jamais que des applications fort logiques et absolument exactes de la numération décimale ; mais précisémennt celle-ci, par ses bases mêmes, peut donner lieu à des bizarreries qui semblent faites comme à plaisir. Il ne serait pas toujours agréable de chercher à les expliquer pour des gens qui n'ont qu'une sympathie toute relative pour les mathématiques ; mais il est du moins toujours amusant de les observer, quitte à ne les servir à ses amis que comme des tours de prestidigitation, ou quelque chose d'approchant.

Ce sont presque de petites merveilles ce qu'on nommait jadis les propriétés des nombres ; si bien même que les Anciens, qui en avaient pu constater la plus grande partie, estimaient que « les nombres avaient des vertus mystérieuses ». Ils ne s'étaient pas du reste contentés de la réalité ; et, se basant sur leurs observations pour en conclure que ces nombres avaient par eux-mêmes une véritable influence dans la Nature, quelque chose comme un rôle physique à jouer, Nicomaque, Ptolémée, Porphyre, avaient débité toute une série de sottises sur les nombres. D'ailleurs, leurs divagations avaient été consciencieusement reprises et publiées en gros volumes par des savants du moyen âge. Tel était le cas pour l'énorme compilation du bon chanoine Pierre de Bungo, publiée sous le nom « De Mysteriis Numerorum », ce qui veut tout simplement dire « Des mystères des nombres ».

Ces mystères, nous pouvons aisément en soulever un petit coin, quitte à continuer plus tard, si cela intéresse nos lecteurs,

notre incursion dans cette partie du domaine des mathématiques.

Voulez-vous stupéfier un de vos amis? Priez-le de multiplier d'abord le chiffre 9 par le chiffre 1 et d'ajouter 2 au produit, puis d'écrire le résultat de l'opération sur une feuille de
papier; demandez-lui ensuite de faire une opération analogue,
dont il inscrira également le résultat sous le premier total
trouvé, en multipliant ce même chiffre 9 par 12 et en ajoutant 3 au produit. Si vous êtes curieux de savoir où je veux
en venir, continuez de même en suivant le principe que j'ai
commencé de vous indiquer, autrement dit en multipliant
toujours le chiffre 9 par un nombre formé du multiplicateur
précédemment employé, auquel vous ajoutez le premier chiffre
qui vient dans la suite naturelle des nombres : par exemple,
dans la précédente opération, le multiplicateur étant 12, dans
l'opération suivante il sera 123, puis successivement ce sera
1 234, 12 345, 123 456, et ainsi de suite jusqu'à 12 345 678.
D'autre part, vous commencerez par ajouter au produit, dans
notre troisième opération, 4 ; et en continuant les opérations,
le nombre que vous ajouterez au produit sera toujours celui
qui, dans la suite des nombres, viendra immédiatement après
celui que vous aurez employé dans l'addition précédente.
Remarquez de plus que ce sera un chiffre exactement d'une
unité supérieur à celui que vous aurez ajouté à la droite du
multiplicateur dans la même opération. Dans la quatrième
opération, par conséquent, vous ajouterez 5 au produit, alors
que le multiplicateur aura été formé par l'inscription du
chiffre 4 à la droite des chiffres qui formaient le précédent
multiplicateur. Et ainsi de suite jusqu'à la dernière opération,
où vous aurez à ajouter 9 au produit.

Et maintenant, quel est mon but en vous faisant effectuer
ces opérations plus ou moins longues, dont la finale donne
un résultat définitif qui n'a pas moins de neuf chiffres? C'est
tout simplement de vous forcer à ne trouver que des nombres
composés exclusivement de 1 ! En effet, si vous voulez bien
poser les opérations, vous verrez qu'elles donnent le curieux
tableau ci-après :

$$1 \times 9 + 2 = 11$$
$$12 \times 9 + 3 = 111$$
$$123 \times 9 + 4 = 1\,111$$
$$1\,234 \times 9 + 5 = 11\,111$$
$$12\,345 \times 9 + 6 = 111\,111$$
$$123\,456 \times 9 + 7 = 1\,111\,111$$
$$1\,234\,567 \times 9 + 8 = 11\,111\,111$$
$$12\,345\,678 \times 9 + 9 = 111\,111\,111$$

Vous conviendrez que la chose est assez bizarre, et que dans d'autres temps elle eût pu faire crier à la sorcellerie.

Sans vous expliquer dans son menu le motif de ces résultats si étrangement concordants, je peux vous en donner quelques éclaircissements rapides, en admettant que ce qui vous intéresse le plus ce ne soit pas l'amusante opération en elle-même, mais son explication. Il est assez naturel que nous n'obtenions que des 1 en ajoutant le chiffre 2 au produit de 9 par 1, car 9 multiplié par 1, c'est la même chose que si l'on multipliait 10 par 1 et qu'on retranchât 1 du produit; comme ensuite on ajoute 2, on doit avoir forcément 10 moins 1 plus 2, ce qui revient à 10 plus 1. Et quand je multiplie 9 par 12 c'est comme si je multipliais d'abord par 2, puis par 10. Il est bien évident que si je devais seulement multiplier par 2 pour n'obtenir que des 1 au produit, ici j'aurais à ajouter 3, puisque 9 multiplié par 2 c'est la même chose que 10 multiplié par 2 moins le chiffre 2 lui-même, et que pour avoir le 1 final il me faut un chiffre contenant une unité de plus que 2, autrement dit 3. D'autre part, cette addition me donnera une dizaine de report à ajouter à la dizaine antérieurement obtenue, et naturellement ces deux dizaines viendront s'additionner avec le chiffre 9 donné par la multiplication de 9 par 10 : nous aurons donc encore à la seconde colonne du nombre final un 1 et aussi à la troisième colonne. Pour la troisième opération, nous sommes obligés de prendre le chiffre 4 pour l'ajouter à la multiplication de 9 par 3; car il nous faut un chiffre qui nous donne le 1 final; d'après le principe que nous avons énoncé pour la multiplication de

9 par un chiffre quelconque, le chiffre final résultant de la
multiplication de 9 par le 3 de 123 serait évidemment un 7,
puisque 9 multiplié par 3, c'est 10 multiplié par 3 moins 3,
et que le reste est forcément le complément entre 10 et 3. En
somme, il nous faut toujours, pour additionner au produit,
un chiffre d'une unité supérieure au chiffre final du multiplicateur, parce que cela revient à ajouter un 1 au produit (qui
se terminerait par un zéro) de la multiplication de 10 par
ce dernier chiffre du multiplicateur. Et, dans tous les cas,
l'addition que nous effectuons nous fournit toujours la dizaine
nécessaire pour un report, qui va majorer comme en cascade
tous les chiffres successifs obtenus par la multiplication, et
donner partout des 1 au total final.

Pour récompenser ceux de nos lecteurs qui ont bien voulu
nous suivre dans cette explication, et même ceux qui n'ont
pas eu cette patience et qui ont bravement sauté par-dessus
tout ce que nous venons de dire, nous allons donner une
autre curiosité arithmétique que nous nous dispenserons
d'expliquer mathématiquement, en laissant ce soin aux curieux
qui seront dirigés dans leurs recherches par ce que nous
avons dit du premier « mystère des chiffres ».

Prenez maintenant le chiffre 8 comme multiplicande, et
multipliez-le par des multiplicateurs composés exactement
comme tout à l'heure pour le chiffre 9 : c'est-à-dire d'abord
le chiffre 1, puis 1 suivi du chiffre qui vient immédiatement
après dans la série des nombres, ensuite 123, puis 1 234.
D'autre part, vous faites toujours une addition au produit;
mais, au lieu d'ajouter d'abord 2, puis 3, etc., on commence
la première de ces additions par 1, on continue par 2, etc.,
toujours en suivant la série naturelle des nombres. Et si vous
voulez bien établir avec moi le petit tableau qui résultera de
ces opérations et qui se présentera sous une forme tout à fait
analogue à celle du tableau précédent, je m'en vais, je
l'espère, jouir encore de votre étonnement.

$$1 \times 8 + 1 = 9$$
$$12 \times 8 + 2 = 98$$
$$123 \times 8 + 3 = 987$$
$$1\,234 \times 8 + 4 = 9876$$
$$12345 \times 8 + 5 = 98765$$
$$123456 \times 8 + 6 = 987654$$
$$1234567 \times 8 + 7 = 9876543$$
$$12345678 \times 8 + 8 = 98765432$$
$$123456789 \times 8 + 9 = 987654321$$

Ainsi, sans qu'on puisse nullement s'y attendre, étant donné la règle observée par la confection du produit, le total se trouve composé d'abord de 9, puis de 9 suivi d'abord du chiffre qui le précède immédiatement dans la suite des nombres, et ensuite des deux avant-derniers chiffres de cette série disposés en sens inverse; et ainsi de suite jusqu'à ce que finalement le dernier total reproduise cette série bien connue, mais exactement renversée. Et le motif ou l'explication tout à fait sommaire de cette particularité, c'est que, multiplier un nombre par 8, cela revient à le multiplier par 10 et à retrancher du produit le double de ce nombre.

Vous conviendrez que, quelle que soit l'aridité apparente de leur explication, ces récréations mathématiques valent bien quelque tour de prestidigitation.

AIR, ADHÉRENCE ET POROSITE

L e moindre objet que nous puissions toucher est enveloppé d'une sorte de gaine d'air, qui y adhère intimement. Sans pénétrer dans le monde des infiniment petits, si vous laissez tomber brusquement dans un vase plein d'eau quelques graines assez lourdes, vous les verrez souvent descendre dans le récipient en entraînant avec elles une bulle d'air, et qui demeure adhérente un certain temps, si rien ne la trouble.

Nous avons jadis indiqué une expérience qu'on peut faire avec une aiguille, et qui montre bien nettement cette adhérence de l'air aux surfaces en apparence les plus lisses : on prend une aiguille, tout à fait propre, et si on la pose tout doucement sur l'eau, on la verra flotter, parce qu'elle est entourée d'une gaine d'air qui forme flotteur. Si d'ailleurs vous immergez l'aiguille et qu'ensuite vous la sortiez de l'eau pour essayer de renouveler l'expérience, vous échouerez complètement, parce que la gaine d'air aura abandonné la surface de l'aiguille. Et elle ne pourra se reformer qu'au bout d'un certain temps, quand l'eau aura séché complètement à la surface de l'aiguille. De même, si nous chauffions l'aiguille avant d'essayer l'expérience de flottaison, celle-ci échouerait piteusement, parce que l'élévation de température fait dilater l'air naturellement adhérent au métal, et que cet air, en abandonnant l'aiguille, la prive de ses minuscules flotteurs : elle coule donc immédiatement à fond. L'adhérence ne s'exerce pas seulement entre l'air et les corps qu'il baigne, mais encore entre les divers liquides et les différents corps. Si vous plongez, par exemple, le fond d'une assiette plate dans de l'eau, et que vous vouliez ensuite la retirer en la soulevant bien verticalement, vous sentirez nettement la résistance qui se produit au moment où le fond de l'assiette est sur le point de se séparer de la surface liquide. Lorsque vous recollez deux fragments de porcelaine avec une colle appropriée, c'est l'adhérence qui intervient pour assurer la réparation, de même que quand le maçon relie des pierres les unes aux autres au moyen de mortier. L'adhérence n'est pas non plus sans nous jouer de mauvais tours.

Nous n'avons qu'à rappeler les souvenirs de ceux qui on fait de longues courses ou conduit une bicyclette sur des routes couvertes d'une couche épaisse de boue, qui colle aux semelles et aux côtés mêmes des souliers, qui adhère aux pneumatiques. Or, nous serions constamment exposés à des mésaventures de ce genre, n'était la bienheureuse adhérence de l'air aux diverses surfaces solides au milieu desquelles nous vivons, et qui forme un matelas isolant.

On peut dire d'une manière générale que tous les corps solides exposés à l'air libre sont recouverts d'une couche formée d'air, et aussi de cette vapeur d'eau qui est constamment en suspension dans l'atmosphère. Et il est fort heureux vraiment que cette sorte de gaine ne soit qu'assez difficile à enlever. Pour nous rendre compte de ce qui arrive quand elle disparaît, pour une raison ou pour une autre, nous n'avons qu'à prendre une balle de plomb, du genre de celles qu'on employait jadis pour les fusils, balle ronde qu'on trouve encore à se procurer assez facilement : nous la coupons en deux par une section bien nette, ce qui ne demande pas en somme d'outil spécial ni d'instrument bien affilé, le plomb étant mou par nature. Nous obtenons ainsi deux demi-sphères présentant chacune une face unie et plane. Si nous rapprochons intimement ces deux surfaces planes en les pressant violemment l'une contre l'autre, au besoin même en opérant une sorte de mouvement circulaire, nous comprimons d'abord les deux minces gaines d'air qui s'y étaient déposées, et nous chassons finalement si bien cet air que les deux demi-sphères adhèrent étroitement et demeurent comme collées l'une à l'autre. Il va sans dire que ces deux surfaces de plomb n'ont pas pu se coller ensemble, la chaleur développée par le petit frottement auquel nous les avons soumises était parfaitement insuffisante pour cela : c'est la simple adhérence qui s'exerce librement entre elles, maintenant que la couche d'air naturelle dont nous parlions tout à l'heure a été supprimée artificiellement.

On pourrait bien aussi, dans toutes ces questions d'adhérence, faire intervenir la pression atmosphérique, qui se fait sentir à la surface extérieure et sphérique des deux demi-balles, alors qu'elle ne s'exerce plus sur leurs faces planes, entre lesquelles l'atmosphère est complètement chassée ; mais ce détail importe peu ici où nous voulons surtout constater un fait, sans chercher à en donner l'explication entière.

Nous pouvons fournir un autre exemple caractéristique des particularités qu'offre cette loi de l'adhérence et des inconvénients qu'elle pourrai entraîner. Appliquons un livre sur une pile de feuilles de papier, et nous serons tout étonné de voir, si nous soulevons brusquement et horizontalement ce livre, qu'une feuille de papier y demeure collée et se trouve soulevée en même temps que lui. Nous réussirons encore mieux en appuyant de même un chapeau haut de forme sur une série de feuilles de papier, et en forçant le fond du chapeau à reposer bien intimement sur la première feuille : quand nous le soulèverons, nous le verrons emporter cette feuille avec lui. Prenons une pièce d'argent, et frottons-la vigoureusement contre une paroi de bois unie et verticale, le long d'un meuble dont la surface soit unie : nous arrivons au bout d'un instant à détacher pour ainsi dire, du bois comme de la pièce, la couche d'air qui leur faisait un revêtement; et l'adhérence peut alors se manifester en maintenant la pièce réellement collée le long de la paroi de bois. Tout cela n'a pas grand inconvénient parce que nous l'avons provoqué volontairement; mais voyons maintenant ce qui se passe pour une bouteille bouchée à l'émeri, c'est-à-dire munie d'un bouchon de verre qui pénètre dans un goulot de verre également, la paroi externe du bouchon ayant été polie finement au moyen d'un mélange rodant d'émeri, tout comme l'intérieur du goulot. On recourt à ce bouchage pour des flacons dont on désire assurer la fermeture hermétique, parce que l'air ne pénètre pas entre ces deux parois de verre, et que de même les vapeurs du liquide contenu dans la bouteille ne peuvent pas trouver passage entre le goulot et le bouchon et s'évaporer partiellement. Goulot et bouchon adhèrent donc intimement, tout simplement parce qu'il n'y a plus la couche d'air qui aurait toujours persisté entre deux surfaces moins unies. Tant et si bien, que le débouchage d'une bouteille à l'émeri (presque tout le monde le sait par expérience) est souvent des plus difficiles : on est à chaque instant obligé de chauffer le goulot de la bouteille pour le forcer à se séparer du bouchon, pour vaincre l'adhérence, parce que la chaleur dilate le verre. En mécanique, il arriverait un inconvénient analogue avec les coussinets des machines, c'est-à-dire avec les pièces métalliques à l'intérieur desquelles tournent les arbres et les essieux : au bout d'un moment, si l'on n'y mettait bon ordre, sous l'influence du frottement et de la pression, il se produirait ce qui s'est passé tout à l'heure entre la pièce de monnaie et la paroi de bois, l'air serait complètement chassé; et il y aurait adhérence, collage, entre les deux surfaces métalliques, et d'autant qu'on est obligé de les faire unies pour la rotation facile des arbres et des essieux; on y pourvoit en faisant couler de l'huile sur les coussinets, huile qui forme une couche empêchant l'adhérence de se manifester. Malgré tout, parfois, quand l'huilage est insuffisant, elle se fait sentir, et c'est ce qu'on appelle le grippage.

Sans cette bienheureuse couche d'air, il nous arriverait à nous-mêmes de ne plus pouvoir marcher, car nos pieds se colleraient réellement à la terre; c'est elle également qui nous permet de saisir, de tenir, mais de pouvoir ensuite lâcher à volonté, sans que nos doigts y adhèrent, les objets, les ustensiles que nous voulons manipuler : nous nous réservons d'ailleurs parfois la possibilité de rétablir l'adhérence qu'empêche la couche d'air, en mouillant nos mains; et c'est là l'origine de l'habitude parfaitement logique, mais parfaitement répugnante aussi, du terrassier qui crache dans ses mains pour mieux tenir sa pioche ou sa pelle. L'attachement de cette couche d'air aux diverses surfaces, tel que nous venons d'essayer de le faire comprendre, est d'autant plus considérable que la surface de tous les corps n'est jamais vraiment lisse, comme on serait tenté de le supposer pour quelques-uns qui semblent unis à nos moyens d'appréciation fort imparfaits. En somme, tous les corps sont poreux à un degré variable, c'est-à-dire que leur ensemble (à l'intérieur comme à l'extérieur) est fait de particules indépendantes, plus ou moins séparées les unes des autres, suivant la nature de ces corps. C'est une question de plus ou de moins : si vous trempez une brique dans un vase plein d'eau, vous la voyez absorber une partie du liquide, puisque le niveau de cette eau baisse; d'autre part, prenez une agate, qui a l'air pourtant bien homogène et ne semble point présenter de vides, de pores intérieurs, et placez-la sur le plateau d'une balance de préci-

Expériences sur les lois de l'adhérence et de la porosité.

sion, pour établir l'équilibre au moyen des poids convenables; si le temps est pluvieux, et que vous attendiez au lendemain, vous constaterez que votre agate a sensiblement augmenté de poids, tout simplement parce qu'elle s'est chargée de l'humidité ambiante, que ses pores intérieurs se sont remplis d'eau.

Voici encore une expérience peu compliquée qui prouvera bien l'intensité de cette porosité chez certains corps, et aussi la façon dont ils sont envahis par l'air, qui adhère aux pores intérieurs comme aux pores extérieurs.

Il nous faut simplement plusieurs morceaux du sucre, gros environ chacun comme plus de la moitié d'un dé à jouer, et un petit verre à liqueur plein d'eau : le liquide vient affleurer le bord du verre, sans toutefois former ce qu'on nomme un ménisque convexe : autrement dit, et plus simplement, sans que l'eau paraisse maintenue par cette force capillaire dont nous avons parlé, au-dessus même des bords, Or, dans ce verre pourtant très petit, et qui paraît plein, nous pouvons successivement immerger tous les morceaux de sucre, coupés de la grosseur que nous avons dite, et qui sont énormes par rapport à la contenance du verre. On se demande comment tout cela peut trouver place dans ce verre déjà plein, sans le faire déborder? Pour que l'expérience réussisse, il faut seulement laisser glisser doucement le sucre dans l'eau, pour ne point déterminer une petite vague. C'est que les morceaux de sucre n'ont point le volume qu'ils semblent avoir, précisément par suite de leur porosité; tous les pores se laissent pénétrer par l'eau du verre, qui s'y loge, en même temps que l'air qu'ils contiennent s'échappe. Il vous est du reste facile de constater la sortie de l'air hors des pores du sucre, puisque vous voyez une série de bulles d'air monter du fond du verre à la surface, au fur et à mesure que le morceau de sucre s'affaisse sur lui-même; et finalement, quand vous aurez fait fondre plusieurs morceaux de sucre dans ce récipient minuscule, vous vous apercevrez que le niveau de l'eau n'y a pour ainsi dire pas monté,

Une autre petite expérience amusante va nous démontrer encore mieux la porosité du morceau de sucre, et rendre manifeste la provision d'air qu'il contient dans ses pores. Prenons, cette fois, un morceau de sucre de volume normal, car nous pouvons réaliser l'expérience dans n'importe quel récipient, et quelle qu'en soit la capacité. Ce morceau de sucre, nous l'enduisons sur toutes ses faces de collodion, ce qu'on peut se procurer assez facilement, et dont l'emploi est sans danger, à condition qu'on se tienne à bonne distance de toute lumière, ce produit étant extrêmement inflammable. Au lieu d'enduire le morceau de sucre, il sera même plus simple, si cela est possible, de le tremper tout entier dans le collodion; toutefois, il faut que le revêtement, la pellicule que le collodion va former autour du morceau de sucre, puisse sécher sans qu'il s'y trouve de solution de continuité; et on fera bien de renouveler le bain ou l'enduit, afin de revêtir de collodion les parties sur lesquelles on a dû poser le morceau de sucre pour le faire sécher, et où l'enduit a pu être enlevé. Le collodion, qui n'est pas autre chose que de la cellulose convenablement dissoute, a la propriété de constituer, en séchant, une pellicule absolument imperméable à l'air.

Maintenant que notre morceau de sucre est préparé, et entouré précisément de cette enveloppe étanche, nous n'avons plus qu'à le déposer à la surface de l'eau du récipient choisi. Ordinairement, le sucre tombe au fond : ici, point du tout, le voici qui flotte, en s'immergeant bien entendu partiellement, en raison du poids de la matière qui le compose; mais il flotte, quoique par lui-même le sucre soit beaucoup plus lourd que l'eau. Et s'il forme flotteur, c'est que, comme cela se passe pour une bouée en fer, pour un bateau, l'enveloppe que lui fait le collodion est comme une coque qui enferme une certaine quantité d'air, l'air que contiennent les pores du sucre, et que nous voyions tout à l'heure monter à la surface de l'eau, parce qu'aucune enveloppe ne l'empêchait, sous la pression de l'eau, d'être chassé de ces pores.

L'expérience est amusante, et elle suffirait pour faire le fond d'une foule d'observations physiques sur la flottabilité des corps, sur leur porosité, etc. Mais nous en avons assez dit pour aujourd'hui, et nous souhaitons simplement d'avoir

éveillé la curiosité de nos lecteurs et de leur avoir donné le
goût de l'observation.

～～～～～～

LA PRÉTENDUE EXISTENCE
DES COULEURS

Pour affecter la forme d'un paradoxe aux yeux de tous
ceux qui ne sont point aveugles, ce n'en est pas moins
là une vérité scientifique absolue. En langage savant, on dit
qu'il n'existe point de couleurs, mais seulement des vibrations
diverses de l'éther, qui suscitent en nous une impression;
par conséquent, la couleur est dans le résultat même de notre
sens de la lumière.

Toutes ces choses peuvent se comprendre au moyen de
quelques petites expériences fort simples, qui nous montrent
que, en excitant ce sens de la vue, en le mettant dans des
conditions particulières, nous pouvons lui donner l'impression
de couleur là où il ne percevrait que du noir, ou du blanc, si
on le laissait dans des conditions ordinaires. Nous avons
montré ici avec les colorations sans colorants, qu'un papier
blanc par lui-même, mais recouvert d'une pellicule extrêmement mince d'une matière incolore elle-même, peut parfaitement donner à notre œil l'impression d'une surface colorée
des nuances les plus diverses et les plus brillantes. Rappelons aussi la petite expérience que l'on a reproduite tant
de fois, à l'aide de ce qu'on a appelé le petit diable rouge;
c'est tout simplement une silhouette de papier, d'un rouge
intense, affectant la forme d'un diable, mais qui pourrait
représenter tout aussi bien n'importe quoi. On la regarde
fixement un instant; et si ensuite, brusquement, on porte les
yeux sur une surface toute blanche, sur un plafond par
exemple, qui vous offre aisément la large surface blanche
voulue, vous voyez s'accuser en vert, sur cette dernière, la
silhouette du petit diable. Il y a là ce qu'on nomme le

phénomène des couleurs complémentaires, simple mot du reste qui n'explique pas grand'chose. En réalité, il n'y a point de couleur verte sur le plafond (pas plus d'ailleurs qu'il n'y en avait sur le papier où nous avions découpé la silhouette); mais la rétine, l'organe de perception qui est au fond de notre œil, et dont le fonctionnement est si admirable et si surprenant, est fatigué par cette contemplation du rouge pendant une demi-minute, ou plus exactement par cette sensation de rouge qui s'est ainsi prolongée; et il n'est plus capable d'être sensible qu'aux autres radiations contenues dans la lumière blanche, c'est-à-dire aux radiations vertes. Et voilà pourquoi du vert seul est ressenti par la rétine sur la portion de sa surface qui a été fatiguée par le rouge, et pourquoi par conséquent elle voit le plafond blanc seulement là où elle n'est pas amenée par la fatigue à ne plus percevoir que du vert.

Nous avons dit qu'il fallait contempler le diablotin rouge un certain temps pour que la fatigue rétinienne, comme on dit, survînt, et pour que le pseudo-diablotin vert apparût à son tour sur la surface blanche; mais les choses se passent bien autrement vite si la lumière sous laquelle se fait l'expérience est particulièrement intense, et si, de plus, la rétine peut de temps à autre se reposer dans l'obscurité, ou, ce qui revient au même, en face d'une surface noire. Et comme ces expériences, en dépit de leur apparence un peu enfantine, sont bel et bien susceptibles d'amener aux observations scientifiques les plus intéressantes, un petit appareil fort simple a jadis été inventé par un distingué physicien anglais, M. Shelford Bidwell, pour rendre facilement observable ce phénomène physiologique si curieux. On prend dans la main droite deux feuilles de carton, l'une couverte d'un papier bien blanc, l'autre au contraire peinte en noir intense, par exemple avec une couche épaisse d'encre de Chine; et on les tient dans la même main, comme l'indique une des figures ci-jointes, en ménageant entre elles un espace vide triangulaire. On les maintient devant une feuille de papier blanc où l'on aura collé un pain à cacheter rouge, ou, si l'on veut, sur lequel on aura tracé et peint un rond rouge de la grandeur d'un pain à cacheter ; et si l'on commence par cacher ce rond rouge avec l'écran noir, puis qu'on déplace rapidement l'ensemble des deux écrans, de façon que le rond rouge apparaisse dans le vide triangulaire, que l'écran blanc vienne ensuite et brusquement le masquer, que le mouvement reprenne en sens inverse par un déplacement alternatif de gauche à droite, puis de droite à gauche, et ainsi de suite : à l'impression rouge du pain à cacheter succédera une impression de bleu verdâtre, qui résulte d'un phénomène tout à fait analogue à celui que nous expliquions tout à l'heure pour le diablotin. Mais nous pouvons pousser plus loin les choses, et nous réussirons même l'observation sans en être aucunement prévenu, si seulement nous pensons à faire ce déplacement alternatif des deux écrans avec une rapidité suffisamment grande. En effet, si la lumière est intense, si par conséquent le papier blanc paraît d'un blanc éclatant ; si, d'autre part, le mouvement atteint une certaine vitesse qu'on ne peut déterminer que par tâtonnement, il arrivera un moment où nous ne verrons plus du tout le pain à cacheter rouge dans l'intervalle triangulaire séparant les deux écrans : il paraîtra constamment vert, nous aurons continuellement dans les yeux une impression de rond vert, qui ne répond d'ailleurs nullement à ce qu'on pourrait appeler la réalité. Il y a une erreur, une illusion de nos sens, double en fait : puisque d'une part nous voyons un rond vert là où il n'y a rien, et que le rond rouge disparaît alors que nous en constatons l'existence quand les conditions d'éclairage sont autres. Il est très probable que notre œil, ou plus exactement la rétine, est fatiguée par la lumière intense reflétée par le papier, et qu'elle devient incapable de percevoir cette belle nuance rouge qui nous frapperait au repos.

Ce même savant a donné le moyen de présenter cette expérience sous une autre forme qui entraîne des résultats surprenants par leur complexité, et que nous ne pouvons même songer à analyser, nous contentant de faire remarquer qu'il y a là l'application compliquée de ces phénomènes élé-

Quelques appareils pour des expériences sur les couleurs.

mentaires et relativement simples que nous avons expliqués tout à l'heure. On donne aux deux écrans l'apparence et la disposition que représente une des figures que nous avons fait dessiner : c'est-à-dire qu'on emploie un disque dont la surface comporte deux secteurs, l'un noir et l'autre blanc, laissant entre eux un secteur beaucoup plus petit découpé dans le carton, et formant un espace vide qui permettra à l'œil d'apercevoir un instant ce qui se trouvera derrière le disque. Il faut pouvoir donner à ce dernier un mouvement de rotation rapide ; et, dans ce but, on peut le monter (une fois le carton collé sur une planchette lui donnant de la rigidité) sur un pivot fait d'un clou ou d'une épingle ; on met alors le disque en rotation du bout du doigt, un peu comme une toupie. Ou bien encore on disposera le disque au bout d'un petit manche, comme le montre un des dessins accompagnant ces lignes ; une seconde planchette collée sous al première, et évidée circulairement d'une petite gorge, formera poulie ; et sur cette poulie passera un fil qui lui transmettra la rotation d'une deuxième petite poulie analogue, munie d'une minuscule manivelle, et donnant le moyen de faire tourner le tout comme certains zootropes. Théoriquement on dit que, pour obtenir un bon résultat avec cet appareil, il faut le faire tourner à raison de six à sept tours par seconde ; nous conseillons tout simplement d'essayer diverses vitesses, par tâtonnement, de manière à arriver à celle qui donnera les meilleurs résultats. Pour réussir, il est d'ailleurs nécessaire que la surface du disque soit violemment éclairée, par exemple au moyen d'une lampe électrique à incandescence renvoyant son éclat au moyen d'un petit réflecteur. Et si l'on place une carte rouge derrière le disque, de façon qu'elle puisse être aperçue par l'ouverture découpée dans ce disque, quand le secteur vide se présente devant elle, elle paraîtra verte, une carte bleue deviendra violette, de l'indigo apparaîtra blond ou quelque chose d'approchant. Il y a là tout un ensemble de transformations qui ménagent les surprises les plus étonnantes.

Mais ce tourniquet que nous avons construit, ou plutôt dont

nous avons indiqué le mode de construction, peut nous
servir à une autre expérience sur les illusions colorées. Tout
le monde sait que la lumière blanche, et par conséquent
l'impression lumineuse que nous appelons couleur blanche,
est formée de la réunion de toutes les couleurs du prisme ou
du spectre solaire, violet, indigo, bleu, vert, jaune, orangé,
rouge; or, si sur un disque en carton, ne présentant, lui,
aucun vide, on peint sept secteurs égaux avec ces sept
couleurs, dans l'ordre que nous venons de dire, et à condition
que les colorations employées soient bien nettes et franches;
puis qu'on fasse tourner rapidement le disque; les sept
couleurs arriveront à ne plus donner à notre rétine qu'une
impression commune, qui sera du blanc. Pour que le blanc
apparaisse, il faut une rotation rapide, autrement on n'aura
qu'une teinte grisâtre, ce qui serait déjà fort surprenant. C'est
une expérience qu'on fait dans tous les cours de physique;
mais en voici une plus curieuse et partiellement inexplicable,
du moins dans ses détails.

Nous la devons, du reste, à ce même M. Shelford Bidwell,
qui s'est fait une spécialité de l'étude de toutes les questions relatives aux impressions colorées. Nous reprenons un
disque plein, que nous montons sur le tourniquet, mais que
nous pourrions disposer tout aussi bien sur une toupie
tournant verticalement : il ne s'agit plus, en effet, de regarder
quelque chose par opposition avec les colorations du disque,
mais tout simplement d'examiner la surface du disque au fur
et à mesure qu'il tourne. Ce disque doit être, comme dans
les autres cas, en carton blanc, et on en noircit toute une
moitié en lui donnant une belle teinte noire, et ainsi que
l'indique la figure qui accompagne ces lignes. Sur l'autre
moitié du disque, on trace au compas et à l'encre de Chine
quatre séries de traits concentriques en escalier, si l'on peut
dire, et dont on voit très nettement la disposition particulière.
Ces arcs de cercle n'ont, par eux-mêmes, aucune coloration,
puisqu'ils sont uniformément noirs; et pourtant, si l'on fait
tourner rapidement le disque dans le sens de la marche des
aiguilles d'une montre, on est stupéfait, quand la vitesse

voulue est atteinte, de voir le groupe des traits portant le
numéro 1 apparaître coloré en rouge vif, tandis que le
deuxième groupe sera coloré en rose brun, que le troisième
sera vert olive, et qu'enfin le dernier semblera (nous disons
semblera intentionnellement) vert foncé.

Ce sont, du reste, toujours deux groupes de colorations
appartenant au rouge d'une part, et au vert de l'autre, comme
dans tous les cas que nous avons passés en revue.

On avouera que le phénomène est tout à fait bizarre; et ce
qui l'est peut-être encore davantage, mais ce qui prouve bien
qu'il y a là une impression purement illusoire qui tient au
fonctionnement de notre organe de la vue; c'est que, si l'on
fait tourner le disque en sens inverse, comme les aiguilles
d'une montre qu'on voudrait retarder, les mêmes couleurs
apparaissent, mais en ordre inverse. Nous n'insisterons pas
sur l'explication, parce que les divers savants sont loin
d'être d'accord pour expliquer le phénomène. Mais combien
n'est-il pas curieux déjà de le pouvoir constater !

LES ERREURS DE NOS SENS

S I le mot n'était pas un peu trop savant et trop philosophique, nous dirions plutôt, au lieu d'erreur, relativité
de nos sensations, car c'est l'expression exacte : nos sens ne
nous trompent pas précisément, mais ils ne nous donnent que
des impressions relatives, qui dépendent de la perfection ou
de l'imperfection de notre organisme. Les preuves en abondent
dans l'existence de tous les jours, et elles sont toujours
intéressantes à relever : autant parce qu'elles nous font saisir
le mécanisme de nos perceptions, que parce qu'elles nous
apprennent à être prudents dans nos jugements. Sans doute
voyons-nous, sentons-nous mieux que les êtres inférieurs;
mais il s'en faut que nous voyions et sentions avec une exactitude absolue, et l'on pourrait comprendre des êtres orga-

nisés, supérieurs à nous en taille et jugeant autrement du monde extérieur.

Cette relativité, si l'on nous permet le mot maintenant qu'il est expliqué, est aujourd'hui l'objet d'études scientifiques dans de véritables laboratoires de psychologie, laboratoires qui ont pris naissance aux États-Unis, et tels qu'en possède maintenant la Sorbonne de Paris. Dans ces laboratoires on fait, en même temps, de la physiologie et de la psychologie, car on étudie les diverses perceptions, les sensations tactiles, visuelles, auditives, et la manière dont elles sont interprétées par notre cerveau. On peut alors comparer ces interprétations avec la réalité des faits perçus, et aussi constater les différences d'interprétation chez les diverses personnes. Souvent on y emploie des appareils enregistreurs, généralement électriques, qui permettent des observations d'une exactitude absolue; mais on peut également recourir, pour des études analogues, à des appareils d'une simplicité tout enfantine, et qui n'en donnent pas moins des résultats ort intéressants.

Si l'on veut bien juger de la variété des études que peut poursuivre le savant dans un laboratoire de psychologie, il faudrait aller visiter l'installation si remarquable de l'Université de Madison. Il est facile de citer quelques-unes des plus simples études auxquelles on s'y livre.

On sait couramment que la peau est une partie extrêmement sensible de notre organisme, qu'elle est précisément chargée de défendre contre les attaques de l'extérieur; et l'on est convaincu qu'elle nous renseigne exactement sur tous les chocs, toutes les rencontres désagréables qu'elle subit. Pour les piqûres, en particulier, elle paraît extrêmement sensible, si l'on juge par le mouvement réflexe de soubresaut ou de recul que nos nerfs commandent à l'organe intéressé quand une pointe quelconque pique notre peau. Cela n'empêche point que cette peau si délicate confond volontiers les sensations, et que plusieurs piqûres subies simultanément ne lui font plus, dans certaines conditions, que l'effet d'une seule. Pour constater le fait, les savants du laboratoire de Madison emploient des instruments spéciaux appelés du nom bizarre d'esthésiomètres, et formés de deux pointes maintenues à une distance invariable et exerçant une pression déterminée; mais à la rigueur on pourrait réussir l'expérience avec un appareil moins scientifique, tout uniment un compas, dont la vis un peu serrée permettrait de maintenir les pointes à l'écartement qu'on leur aurait d'abord donné. C'est qu'en effet ce en quoi se trompe notre peau, c'est qu'elle confond parfaitement deux piqûres quand celles-ci se produisent sur deux points assez voisins : essayez sur votre cou ou, ce qui est moins désagréable, sur le cou d'un ami complaisant, et vous constaterez qu'on ne sent qu'une des pointes, alors qu'elles sont presque à deux centimètres l'une de l'autre. Mais ce qui ajoute à la bizarrerie de la chose, c'est que cette distance varie suivant les différentes parties du corps que l'on pique : sur la langue, par exemple, vous distinguerez les deux pointes alors même qu'elles ne sont séparées que par un espace d'un vingt-cinquième de centimètre; au bout de l'index il suffira d'un écartement de deux millimètres et demi. Et encore ces chiffres n'ont-ils rien d'absolu et changent suivant les individus.

Multiples sont aussi les exercices auxquels on peut se livrer pour prouver que, même sans aucun artifice qui puisse avoir influence sur le jugement, nous sommes généralement incapables d'apprécier exactement les longueurs. Donnez à l'un de vos voisins une feuille de papier où se trouve une croix, sur un des bras de laquelle vous aurez marqué un point à une certaine distance du centre; demandez-lui de tracer également un point à une distance identique dudit centre, et sur chacun des trois autres bras. Si vous avez eu soin de faire les bras de la croix d'une manière asymétrique et de longueur inégale, vous verrez quelles erreurs grossières il fera.

Voulez-vous exécuter une expérience plus curieuse de psychologie expérimentale? essayez la faculté que tout le monde croit avoir de juger assez exactement des poids. L'expérience a du reste été indiquée par un savant suisse, M. Th. Flournoy. Procurez-vous dix objets usuels de poids

identique, et surtout de dimensions très variables; de façon
que les uns soient fort encombrants eu égard à leur poids, et
que les autres soient, au contraire, extrêmement pesants en
comparaison de leur volume. Et maintenant réunissez quelques sujets que vous allez soumettre à l'examen en leur
demandant de classer les dix objets par ordre, en commen-
çant par les plus lourds : vous pouvez être sûr qu'ils place-
ront au premier rang un petit étui rempli de plomb, et, au
contraire, à la fin, une boîte vide de bonnes dimensions.
Quelle ne sera pas leur stupéfaction quand la balance leur
montrera que tous les objets sont du même poids! On comprend pourtant très bien le phénomène psychologique qui se
produit : en voyant la caisse, nous nous attendons à la
trouver lourde, en raison de son volume apparent; mais
notre surprise, quand nous la soupesons, fait qu'immédiatement nous réagissons et nous nous figurons qu'elle n'a qu'un
poids extrêmement faible. En sens inverse, l'étui a un volume
si petit que nous sommes amenés à en trouver le poids *relativement* énorme : et nous transformons en *absolue* une sensation relative. Cependant nos muscles font exactement le
même effort pour soulever ces différents objets : par conséquent cela prouve que nous ne nous rendons nullement
compte des efforts que nos nerfs commandent à notre système
musculaire.

En voulez-vous une preuve qui vous surprendra, même une
fois prévenu? Je m'en vais vous mettre sous les yeux ce
qu'on appelle communément un gros sou et un petit sou, et
il vous sera impossible de trouver une différence de diamètre
entre les deux pièces, bien que pourtant il y en ait une très
sensible que vous appréciez ordinairement d'une façon fort
exacte. Je n'ai pas besoin de vous dire que je vous place dans
des conditions spéciales : en effet, je colle la pièce de dix cen-
times directement sur un mur, puis j'enfonce à peu de distance un clou qui dépassera de huit centimètres environ; sur
sa tête je fixe le petit sou. Les deux pièces doivent présenter
leur côté face, pour qu'il soit impossible de les reconnaître
par l'indication de la valeur. Si maintenant vous percez un

trou d'un millimètre dans un écran en carton maintenu bien immobile, et que vous vous éloigniez jusqu'à une distance de quinze à vingt-cinq centimètres du mur, il viendra inévitablement un moment où vous verrez les deux pièces exactement de la même grandeur, et en regardant de plus près vous trouveriez la pièce d'un sou plus grande que l'autre. Cela s'explique par les lois absolues de la perspective, puisque la pièce la plus loin, et la plus grande réellement, arrive à votre œil sous un angle plus petit que l'autre, et que d'ailleurs l'isolement vous empêche d'apprécier les distances.

Pour finir, signalons une autre erreur d'un genre tout différent. Souvent, sur les cartes, on représente telle ou telle chose au moyen de lignes continues ou de lignes pointillées : on se figure que l'œil peut toujours les distinguer. Erreur complète! dans certaines conditions, l'œil n'apprécie plus la discontinuité d'un trait, comme l'a fait remarquer un savant anglais, M. Francis Galton. La représentation la plus grossière d'une ligne continue au moyen de traits discontinus est celle que nous donnent les tapisseries et les mosaïques : en réalité, toutes les lignes sont formées de dentures successives, et cependant l'impression à une faible distance, quand le point de la tapisserie est petit, est bien celle d'une ligne régulière droite ou courbe.

Nos lecteurs doivent connaître le cyclostyle, qui est un instrument destiné à l'écriture multiple par perforation du papier; il porte une petite roue minuscule qui trace les traits par une succession de points. Or, si vous regardez à côté d'un dessin exécuté par traits continus, un autre dessin en tout semblable, mais fait au cyclostyle, et dont les lignes sont formées de points plus ou moins juxtaposés, il vous est impossible de faire la différence et d'apprécier cette discontinuité qui est pourtant bien réelle. C'est ce que montre la gravure ci-jointe. L'illusion serait encore bien plus absolue si l'on réduisait le dessin photographiquement, ce qui reviendrait à obtenir des points plus petits et plus rapprochés. Vous pouvez vous-mêmes dessiner une sorte de chaîne composée de petits cercles; et au fur et à mesure que vous vous en éloignerez, elle se transformera en ligne. Et d'ailleurs l'horizon de la mer ne nous apparaît-il pas comme un contour extrêmement doux, alors qu'il est fait de la série de dentelures des vagues? n'en est-il pas de même, à distance, des pentes des montagnes? Vous pourriez encore tracer une ligne qui vous

La continuité des impressions.

paraîtrait homogène, mais relativement large, au moyen de traits transversaux très rapprochés.

La chose s'explique parfaitement par les lois de la vision, mais elle n'en étonne pas moins quand on n'est pas prévenu, et c'est un avertissement de la valeur relative de nos sensations.

SONS ET VIBRATIONS

LES savants ont coutume de dire que nous vivons au milieu d'un monde de vibrations, et ils n'ont point tort : il est à peu près démontré que chaleur, lumière ne sont que des vibrations plus ou moins rapides, et il en est de même sans doute de l'électricité. Nous ne nous hasarderons point dans la démonstration de la nature de ce dernier phénomène.

En matière de sons, les constatations sont faciles et innombrables, et partout nous verrons les sons et les bruits déterminer des vibrations (on dit aussi, en langage scientifique, des oscillations) des corps qui émettent ces sons, et même de l'air qui les transmet, et qui vibre, lui aussi, sous l'influence des vibrations propres du corps sonore.

Tandis que quelqu'un joue du piano, mettez sur la caisse de l'instrument quelques petits grains de sable suffisamment légers; et vous ne serez pas peu étonné, si vous ne réfléchissez point au motif de la chose, de voir ces grains de sable sautiller sur le bois du piano, pour peu que le pianiste joue un peu fort. C'est que les cordes du piano, pour émettre des sons, sont mises en vibration, et leur ébranlement se communique à la caisse même du piano, puis aux grains de sable, qui sont jetés en l'air (à bien faible hauteur, c'est vrai) par les oscillations du bois de cette caisse. La démonstration serait aussi probante si vous placiez sur le piano une soucoupe avec une cuiller dedans, chose bien aisée après le dîner, quand on vient de prendre le café. Ici encore le bois du piano vibre, oscille, est ébranlé par les vibrations des cordes, et ces vibrations, qui ne sont en somme que des tressautements, secouent de même la soucoupe. Celle-ci transmet à son tour les oscillations à la cuiller, et, pendant tout le temps qu'on joue, vous entendez les vibrations du métal sur la porcelaine : ce qui constitue d'ailleurs un accompagnement fort désagréable à un morceau de piano.

Les expériences peuvent se multiplier à l'infini et démontrent que partout où il y a son ou bruit, ce qui est à peu près la même chose, quand il ne s'agit point de musique et d'harmonie, il y a vibration du corps qui émet le son. Prenez entre vos lèvres une feuille de papier à cigarette ou un pétale de rose, en le repliant de manière qu'il rende un son quand vous soufflerez, petite opération que vous connaissez certainement; tandis que ce son se produira, vous sentirez un chatouillement sur les lèvres, qui provient précisément de ce fait que la feuille de papier, pour émettre le son qu'on entend, vibre, oscille, bat rapidement de bas en haut, et qu'elle vient toucher alternativement chacune de vos lèvres : de là, la sensation parfois insupportable qui vous fera abandonner bien vite cet instrument de musique aussi simple que peu harmonieux.

Les sons qui se répandent dans l'air jusqu'à nos oreilles sont si bien des vibrations, des ébranlements de cet air, qu'ils peuvent faire vaciller une flamme de bougie ou de bec de gaz; à condition pourtant que cette flamme se présente sous certaines conditions, ou qu'on prenne des mesures pour amener plus sûrement le son dans la direction voulue, afin que les vibrations arrivent de façon intense sur la flamme. Quand on réussit à avoir un bec de gaz extrêmement fin d'orifice, d'où jaillit un jet de gaz très mince et sous pression, ce qui nécessite, il est vrai, des particularités d'installation, mais ce qui se rencontre dans certains ateliers, si l'on approche une simple montre de ce jet de gaz devenu jet de flamme par l'allumage, un phénomène bien curieux se produit : le tic tac de la montre, qui est en réalité une série de vibrations des parties métalliques, vient agiter la flamme, la faire battre et vibrer à chaque tic ou tac. Vous pourrez probablement arriver à réaliser une expérience équivalente si vous allongez la flamme d'un bec de gaz ordinaire, en dessus duquel on maintient une toile métallique : cela fait filer la flamme, comme on dit, et naturellement plus elle s'allonge, plus elle devient effilée et mince; vous avec donc ici aussi un jet bien fin, et si vous en approchez une montre faisant un bruit suffisant, vous pourrez sans doute constater le tremblement de la flamme. Les vibrations des parties métalliques de la montre agitent l'air tout comme si l'on soufflait très doucement, d'une façon imperceptible et pour ainsi dire impraticable aux poumons humains; l'effet est bien le même.

Ces phénomènes sont observés par les physiciens avec des dispositifs beaucoup plus compliqués, et on appelle cela l'expérience des flammes chantantes, parce que ces flammes sensibles aux sons semblent vouloir se mettre à l'unisson de la musique qu'elles perçoivent.

Si vous voulez saisir d'une autre façon les vibrations d'un corps qui fait entendre un son, prenez tout simplement une cloche à fromage, en cristal autant que possible, parce que le cristal vibre mieux que le verre : et c'est pour cela qu'il émet des sons particulièrement agréables à l'oreille. Attachez au bouton de la cloche, au moyen d'un fil, un bouton de bottine qui doit venir pendre le long des parois de la cloche, comme l'indique la figure que nous donnons pour un verre. Puis saisissez la cloche par son propre bouton, de manière à ne point gêner les vibrations, et frappez sur le bord de la cloche. Les parois de cristal vont rendre le son cristallin bien connu, et cela signifie qu'elles sont mises en vibration.

Elles oscillent donc de dedans en dehors, ou inversement, et comme la paroi qui est en face du bouton de bottine le rencontre dans son mouvement, elle le chasse; on voit effectivement le bouton repoussé, puis il revient sur lui-même comme un petit balancier de pendule, et il rencontre la paroi de cristal à laquelle il se heurte, et qui le repousse de nouveau, car elle continue de vibrer et d'osciller. Et les choses se poursuivent ainsi tant que le cristal émet un son appréciable, le bouton de bottine venant se heurter régulièrement aux parois de la cloche, et mêlant son bruit peu harmonieux aux vibrations de celle-ci. Vous pourriez encore constater les vibrations et oscillations de cette cloche en approchant un gros clou tandis qu'elle est mise en vibration : vous verriez et entendriez surtout le cristal se heurter périodiquement à la pointe du clou, qu'il faut naturellement maintenir bien immobile par elle-même.

Voici une autre expérience amusante qu'on exécute sans aucun appareil spécial, puisqu'il suffit d'un verre, de cristal autant que possible. Vous devez savoir que, si on remplit partiellement d'eau un verre de ce genre, et qu'on mouille son doigt pour le promener ensuite rapidement sur le bord du récipient, en le faisant glisser circulairement et en appuyant plus ou moins, suivant un tour de main qui ne peut s'acquérir que par quelques tâtonnements, le cristal se met à vibrer. On l'a ébranlé et mis en oscillation; tout comme une corde à violon que fait vibrer l'archet, un frottement donne les oscillations voulues au cristal dont est constitué le verre. Notons que l'eau que nous avons versée dans ce dernier n'est nullement utile à l'émission des sons, le cristal vibrerait parfaitement à vide (en donnant toutefois une note différente, ainsi qu'on peut s'en apercevoir aisément); mais cette eau va nous permettre de constater les vibrations du verre. En effet, dès

Quelques expériences faciles sur les vibrations.

que commence à se faire sentir l'effet du doigt glissant sur le bord du verre, il se produit à la surface de l'eau des petites vagues, minuscules assurément, et qui partent de la paroi intérieure du verre pour se diriger vers le centre. Ce sont des ronds tout à fait analogues à ceux qu'on obtient en jetant un caillou dans l'eau, mais qui se font en sens inverse. Ils sont causés par la paroi circulaire du verre, qui bat, oscille, puisqu'elle émet un son, et qui vient frapper réellement la surface de l'eau : ce qui détermine la formation d'une petite vague, tout comme si vous agitiez cette eau du bout de votre doigt. Et il n'y a pas qu'une seule vague, mais toute une série de vagues qui se forment de même manière, et constamment, puisque le son continue, et que par conséquent la paroi de cristal continue elle-même à osciller.

Avec cet appareil si simple, on peut constater un phénomène bien plus curieux, pittoresque même, si on accentue la vibration du verre. Pour bien l'observer, d'ailleurs, il faut remplir le verre presque jusqu'au bord, et, de plus, le regarder de côté, en mettant l'œil à peu près à la hauteur de la surface de l'eau.

C'est à la surface de l'eau, en effet, que va se passer une vraie petite tempête (dans un verre d'eau), qui demande à être suivie de près pour être observée. Quand le son devient intense sous le frottement du doigt, ainsi que nous l'avons dit, tout à coup on voit jaillir de la surface de l'eau une série de véritables fusées, constituées par des gouttelettes qui sautent en l'air avec une force relativement surprenante : c'est un peu ce qui se passe, mais en plus marqué, quand on presse une peau d'orange ou une peau de citron entre ses doigts. Ce sont encore les vibrations du cristal qui viennent frapper l'eau latéralement, et donnent naissance à des vaguelettes d'autant plus intenses que le son l'est lui-même : les vaguelettes se rencontrent, se heurtent, et elles se pulvérisent, elles forment, à une échelle infiniment petite, ce qu'on nomme les embruns pour les vagues de la mer. Ces embruns sautent sur le bord du verre, et en telle quantité (eu égard à la petitesse des gouttes qui les composent) que l'eau coule le long des parois extérieures du récipient.

On conviendra que l'expérience est bien probante, et qu'elle donne le moyen le plus simple et le plus pittoresque de saisir ces vibrations sonores, qui viennent frapper notre oreille tout comme elles frappent l'eau à laquelle elles se heurtent.

MIROIRS ET APPARITIONS

Ce titre pourrait laisser supposer au premier abord qu'il s'agit ici de prestidigitation, et non point de ces expériences de physique, de chimie, faciles il est vrai, mais sérieuses et instructives, que nous poussons nos lecteurs à exécuter, pour qu'ils arrivent à saisir, sans peine prendre, les principes les plus exacts des sciences. Et le fait est que, bien souvent, notre confrère St-J. de l'Escap a mis à contribution des miroirs, en appliquant les principes de l'optique, pour vous apprendre à faire apparaître, aux yeux de spectateurs étonnés, un buste qui, quoique bien vivant, semble flotter dans l'espace sans le moindre corps.

Mais cela ne veut pas dire que, tout en demeurant sur le terrain de la science, amusante il est vrai, se présentant sans l'aspect grave des leçons proprement dites et des cours savants, on ne puisse se livrer à des expériences d'optique où l'emploi de miroirs donnera lieu à des sortes d'apparitions ; le physicien habitué au langage scientifique sera peut-être indigné que nous n'employions pas la désignation absolument exacte d'image virtuelle. Mais ce qu'il y a de plus important, c'est de comprendre les choses, on saisira ensuite bien facilement les mots ; le langage scientifique, très précis, il est vrai, étant surtout nécessaire quand on veut pénétrer plus loin.

Ce que je souhaite seulement, c'est de vous faire saisir quelques-uns de ces phénomènes curieux qui nous révèlent les grandes lois du monde physique, et de vous amener ensuite à désirer approfondir ces merveilles, qui nous sont rendues accessibles par la connaissance des sciences diverses.

Asseyez-vous, le soir, dans un compartiment de chemin de fer, près de la portière et par suite de la vitre qui garnit cette portière ; si le compartiment est vivement éclairé et que, par contre, la nuit soit bien sombre au dehors, vous allez assister à cette formation d'images virtuelles que nous avons appelée apparitions. Sous une forme et avec une disposition un peu

plus compliquée, c'est ce que Robert Houdin a montré longtemps sous le nom de spectres. En effet, la vitre de la portière fait miroir au sens où nous l'entendons couramment :
c'est-à-dire que les choses, les personnes qui se trouvent dans
le wagon, ou plus exactement les rayons lumineux émanant
de ces corps, se réfléchissent sur la surface de ce miroir que
constitue la vitre. Et pourtant celle-ci n'est pas comme une
glace, elle ne perd pas sa transparence; si bien que le plus
souvent vous pouvez voir simultanément, sur cette vitre, et
l'image virtuelle de ce qui se trouve dans le wagon et aussi
ce qui existe réellement dans la campagne, le long de la voie
ferrée. Et c'est ainsi que l'image virtuelle, non réelle par
exemple, d'une personne assise dans le wagon, va se mélanger
avec l'image bel et bien existante, d'une maison aperçue
dans la nuit. Cette personne donnera l'illusion d'une apparition transparente, d'un fantôme, d'un spectre, comme vous
voudrez l'appeler, n'ayant aucune consistance, puisqu'on voit
au travers de son corps, et se présentant comme suspendue
dans l'espace devant la façade d'une maison.

Par la force de l'habitude, aujourd'hui que les voyages de
nuit en chemin de fer sont si courants, vous ne faites pas
attention à ce phénomène; et pourtant il peut servir à illus-
trer un cours de physique, au moins une partie de ce qu'on
aura à vous apprendre sur l'optique et les miroirs plans. Et ce
qui prouve que la chose est digne d'attirer votre attention,
qu'elle est vraiment curieuse, c'est que ce principe a été et
est encore employé de temps en temps sur la scène pour
simuler des apparitions. On s'arrange du reste de façon que le
phénomène soit plus frappant, en machinant tout le théâtre.
Sur le devant de la scène, on installe une grande glace sans
tain, c'est-à-dire transparente, analogue à celles qui garnissent
les devantures des magasins. On la place de manière qu'elle
soit inclinée à 45 degrés. En avant et au pied de la scène, on
a disposé une sorte de grande boîte complètement masquée
aux yeux des spectateurs, et qui s'ouvre, au contraire, du côté
de la scène. L'intérieur de cette boîte est très puissamment
éclairé, et on y introduit une personne vêtue de blanc, qui

va faire dans la glace sans tain exactement l'effet de ces personnes qui se trouvaient tout à l'heure dans votre compartiment de chemin de fer.

Cette fois, la chose est réellement préparée. Non seulement
la scène, en arrière de la glace, est noire à souhait, pour faci-

L'apparition sur la vitre d'un wagon.

liter l'apparition de l'image virtuelle; mais encore on fait
arriver sur cette scène, et toujours en arrière de la glace, un
second personnage, qui va, par exemple, avoir pour mission
fictive de se battre avec le fantôme : ses mouvements et ceux
de la personne dont l'image virtuelle; se réfléchit sont minu-
tieusement combinés, de façon qu'ils jouent ensemble une
véritable scène. Mais le personnage que vous voyez directement et réellement, peut donner de grands coups de sabre à
travers l'endroit où votre œil croit voir la seconde image, son

sabre semblera traverser un corps sans consistance, impal-
pable, une apparition sans réalité tangible. Et le fait est que
là où vous apercevez l'image du spectre, il n'y a rien de réel ;
votre œil est frappé uniquement par des rayons réfléchis, qui
lui donnent l'impression d'un corps se trouvant derrière la
glace, symétriquement à la personne, bien réellement existante, qui, elle, est dans la boîte dont nous avons parlé.

Encore une fois, le phénomène optique, on peut dire l'illusion d'optique, qui se produisait tout à l'heure dans le véhicule de chemin de fer était analogue ; il était aussi remarquable, de façon absolue. Mais il était peu frappant pour vous,
parce que vous voyiez directement les personnes dont l'image
réfléchie semblait se promener en dehors du train dans la
campagne, et aussi qu'il n'y avait pas une mise en scène
combinée pour augmenter votre étonnement.

Mais vous pouvez vous construire un petit appareil qui
vous permettra de constater dans les conditions les plus
curieuses l'effet des miroirs concaves et sphériques. Il s'agit
de faire apparaître une petite statuette sur une colonne où l'on
peut vérifier ensuite qu'il n'existe pas en réalité la moindre
statuette. Pour parler un langage un peu plus scientifique,
nous dirons que, grâce au miroir et aux dispositions secondaires que nous allons indiquer, on obtient une image de la
statuette juste en haut de la colonne.

L'appareil, car c'en est bien un, mais plus amusant que
scientifique au sens précis du mot, se présente sous l'aspect
figuré dans une de nos gravures ; pour le construire, il ne faut
que des choses bien simples, quelques planchettes que l'on
taillera et découpera facilement, au besoin des charnières, et
une colonnette de marbre ou soi-disant marbre. Si l'on ne
possède pas cette colonnette, on peut la fabriquer de façon
très simple, et pourtant de manière à donner l'effet voulu.
On se procurera tout uniment un verre à gaz droit, cylindrique, tel qu'on en emploie pour les becs à incandescence ; il
est bon qu'il ait une vingtaine de centimètres de hauteur
pour un diamètre extérieur de 45 millimètres à peu près, ce
sont du reste des dimensions assez courantes. On peindra

intérieurement le tube de verre en faux marbre ; et pour cela,
on commence par en enduire toute la surface intérieure an

Scène truquée au moyen d'une glace pour simuler une apparition.

moyen de gomme arabique liquide, comme il s'en vend partout. Puis on prend de l'ocre jaune, et, à l'aide d'un morceau
de bois, on applique un peu de cette peinture en poudre à
l'intérieur du cylindre, en différents points assez rapprochés.
Cette poudre se colle sur la gomme et le verre est déjà tigré

intérieurement. Au besoin, on trace des rayures irrégulières suivant le même procédé, c'est-à-dire qu'on fait des marbrures, puisque c'est bien là le but poursuivi. On obtiendra le fond du marbre, la coloration générale permettant aux marbrures de se détacher, en glissant dans le tube de verre une certaine quantité de couleur noirâtre en poudre, mettons du noir de Brunswick ; on fermera les deux bouts du tube en y plaçant les paumes des mains, on secouera, et il se collera à la gomme assez de cette peinture pour donner extérieurement au tube l'apparence d'une petite colonne en faux marbre. On complétera la colonne par un chapiteau formé d'un anneau de bois passé autour, on lui donnera une base faite de façon analogue, et le tout sera peint de même nuance que l'intérieur du verre à gaz. Rien ne sera plus simple que de placer et de maintenir en place cette colonnette : nous verrons dans un instant à quel endroit on la disposera.

La base de notre appareil est formée par une planche dont la portion gauche peut être reliée à charnière avec le reste, ainsi que le dessinateur l'a figuré, mais sans que cela présente une nécessité absolue. L'ensemble de cette base a une longueur de 1 m. 27 pour une largeur de 28 centimètres seulement.

A l'extrémité gauche de cette planche, nous allons dresser verticalement une sorte d'écran qui est destiné à ne laisser le spectateur examiner la colonne (quand nous voulons que l'apparition se produise) que dans la position exactement nécessaire pour cela. Un menuisier quelconque vous fabriquera aisément ce panneau ou écran, comme vous voudrez l'appeler, si vous ne savez pas suffisamment manier rabot et scie pour le faire vous-même. Ce panneau est prévu comme composé d'une planche centrale assemblée dans une sorte de châssis : cette disposition n'est pas absolument nécessaire, mais elle facilite le découpage de la petite fente qui se trouve dans la partie supérieure de l'écran, et dont nous allons voir le rôle. L'important est que l'écran, dans son ensemble, ait une hauteur de 60 à 61 centimètres, sa largeur correspondant à celle de la planche de base de l'appareil, c'est-à-dire étant de 28 centimètres.

A 10 centimètres à peu près en-dessous de son sommet, et
au milieu de l'écran, on fait une fente disposée horizontalement
et symétriquement, par rapport à l'axe vertical de cet écran;
cette fente doit avoir 10 centimètres de long, et elle aura
une largeur de 13 millimètres. C'est là que le spectateur

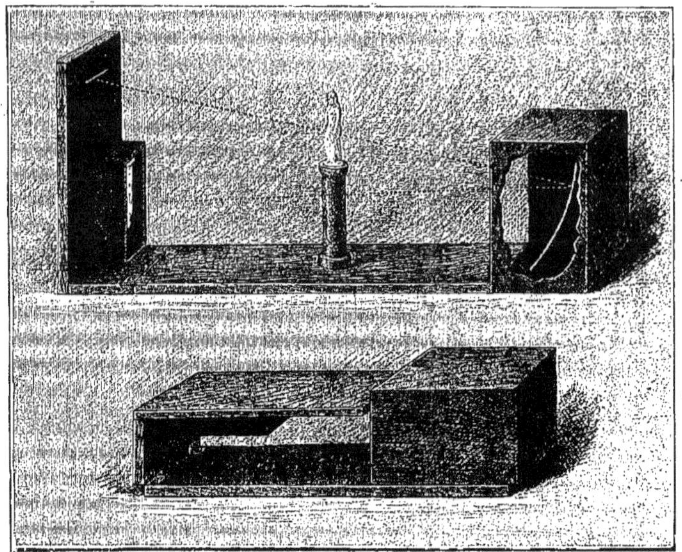

Appareil (ouvert et fermé) servant à faire apparaître une statuette
là où elle n'est point.

viendra mettre son œil pour jouir de l'apparition, et cette
fente faite dans le bois a pour but et pour effet de limiter le
champ de sa vision, de lui laisser apercevoir la colonnette et
ce qui semble se montrer à son sommet, sans qu'il puisse en
même temps voir le reste de l'appareil. Il n'a pas de point de
comparaison, et il a l'impression absolue (que notre dessinateur
a essayé de rendre) de voir une statuette blanche se dresser
au sommet de la colonnette.

Ce qu'il y voit c'est uniquement une image de la statuette,
qui vient se réfléchir dans le miroir, suivant des lois physiques

telles que, si toutes choses sont bien combinées, l'ensemble des divers rayons lumineux renvoyés par le miroir, va former une image qu'on appelle, en physique, réelle, et qui se trouvera juste sur le sommet de la colonnette.

Et d'abord, où donc est cette statuette que le spectateur ne voit pas directement? Nous l'avons logée dans une petite boîte que l'on aperçoit dans la figure, accolée par son fond au-devant et au pied du panneau formant écran. Cette petite boîte est disposée sur le côté, elle a environ 32 centimètres de hauteur, autant de largeur, et seulement 15 centimètres de profondeur. C'est là qu'on loge la statuette (et dans le haut de la boîte) mais la tête en bas, renversée, tout simplement parce que les miroirs concaves renversent les images, et qu'il faut la présenter renversée devant le miroir, si l'on veut que son image soit au contraire droite. Ajoutons que la statuette peut être quelconque, à condition pourtant qu'elle soit d'un blanc aussi intense que possible, afin que son image ait de l'éclat dans le miroir. On choisira une petite statuette de plâtre, d'une quinzaine de centimètres au plus de haut.

La boîte contenant la statuette doit être peinte en noir mat, parce qu'il ne faut pas que l'image de cette boîte menace de se présenter également à l'œil du spectateur. On fera bien de peindre de même toute la face postérieure de l'écran.

Enfin, en arrière de la planche de base, on dispose ce qui peut être considéré comme la portion essentielle de l'appareil; c'est le miroir concave, qu'on est naturellement obligé de se procurer chez un marchand d'instruments et articles d'optique. Étant données les dimensions prises pour le reste de l'appareil, il faut que ce miroir ait un foyer de 43 centimètres. On le dispose, comme l'indique la gravure, au fond d'une boîte qui est montée tout à fait au bout de la planche de base, et qui aura environ 28 centimètres de profondeur. On peint la boîte en noir et l'on entoure le miroir également d'étoffe noire; on se contente de laisser à découvert (en expérimentant la chose), juste ce qu'il faut de sa surface pour que la statuette, de l'intérieur de sa boîte, vienne se refléter convenablement sur cette surface. On a d'autre part, fixé la colonnette dont nous avons donné le mode de construction sensiblement à distance égale entre l'écran et le fond de la boîte où nous venons de voir déposer le miroir. Là encore, il y a à procéder un peu par tâtonnement.

On constate que l'effet optique est obtenu quand, en plaçant l'œil à la fente qui sert précisément d'oculaire, on voit l'image de la statuette se présenter en haut de la colonnette, tout comme si elle y était placée en réalité.

Et vous pouvez alors jouir de l'étonnement des spectateurs que vous admettrez à la contemplation de la statuette fantôme. Vous aurez soin de ne les laisser d'abord regarder que par la fente ; puis, quand ils auront bien examiné la statuette en haut de sa colonne, vous pouvez rabattre brusquement l'écran, si vous avez disposé des charnières dans ce but ; tout au moins pouvez-vous leur permettre de regarder directement la colonne en se plaçant sur le côté de l'écran, et en prenant soin qu'ils n'examinent pas ce qui peut se trouver au pied de cet écran. Ils seront tout étonnés de constater qu'il n'existe pas effectivement la moindre statuette en haut de la colonne.

Jeu d'optique, image dite réelle donnée par le miroir concave, petit jouet qui est un instrument de démonstration scientifique, et qui vous intéressera peut-être encore davantage du jour où l'on vous aura expliqué par le menu les propriétés des miroirs courbes et les lois de l'optique.

<div align="center">~~~~~~~~~~~~~~~~~</div>

UN CALCUL COMPLIQUÉ

PARMI les fantaisies arithmétiques plus ou moins compliquées qui consistent à faire faire toute une série d'opérations sur un nombre inconnu, et à deviner ensuite ce nombre inconnu à la seule inspection du résultat final des diverses opérations ; il en est certainement peu de plus curieuses que celle que nous allons indiquer, et même expliquer pour ceux de nos lecteurs qui sont désireux de s'instruire.

Voici la formule à suivre. Vous ouvrez au hasard un livre quelconque, à une page quelconque également; puis, dans une des neuf premières lignes de ladite page, et dans les neuf premiers mots de cette ligne, vous choisissez un mot que vous marquez d'une notation, un trait de crayon par exemple, pour que votre mémoire ne puisse pas vous tromper.

Maintenant prenez le numéro de la page et doublez-le; multipliez ensuite le total par 5, et ajoutez 20 au nouveau total. Ajoutons encore au résultat que vous avez obtenu le chiffre représentant la place de la ligne choisie dans la page; enfin additionnez avec le chiffre 5 et multipliez la somme par 10, pour faire une dernière addition en ajoutant au total auquel vous êtes arrivé le numéro d'ordre du mot que vous avez marqué tout à l'heure d'un trait de crayon. Encore un dernier effort peu difficile à exécuter, une simple soustraction : extrayez 250 du total général que vous avez trouvé.

Vous êtes en face d'un reste composé de plusieurs chiffres : or le chiffre des unités va être le numéro d'ordre du mot choisi, le chiffre de la colonne des dizaines sera celui de la ligne où se trouvait ce mot, et les chiffres restant à gauche donneront précisément le numéro de la page sur laquelle vous étiez pourtant tombé complètement au hasard.

Je vous garantis la recette, et d'ailleurs vous pouvez la vérifier bien aisément.

Voici un livre que nous ouvrons à une page quelconque : c'est la page 435, par exemple, et nous y notons le quatrième mot de la quatrième ligne. Je dis : le double de 435 est 870, qui, multiplié par 5, donne 4 350; en y ajoutant 20 on a 4 370, qui, additionné de 4, devient 4 374 et 4 379 si on ajoute encore 5. On multiplie par 10 et l'on obtient 43 790; ajoutons 4, numéro du mot, nous avons 43 794, et enfin 43 544 en faisant la soustraction finale. Et voici qu'en effet le chiffre de la colonne des unités est bien 4, indiquant que nous avions choisi le quatrième mot de la quatrième ligne, comme le dit le chiffre des dizaines, et enfin dans la page 435.

On est fort surpris en face de pareil résultat, et cependant il n'y a point de secret, pas de magie ni de prestidigitation,

mais le résultat logique des diverses opérations mathématiques que je vous ai fait faire. Si vous voulez me prêter un
moment d'attention, je vais tâcher de vous expliquer la chose
aussi simplement qu'il est possible.

D'abord vous avez dû comprendre qu'en multipliant le
numéro de la page par 2, puis par 5, vous l'avez en somme
multiplié par 10. Vous ajoutez ensuite 20, puis 4, puis 5, et
enfin vous multipliez à nouveau par 10 : il en résulte plusieurs
choses. En premier lieu, vous vous trouvez avoir en réalité
ajouté non pas 20 à 4350, mais 20×10, autrement dit 200,
à 43500, puis non pas 5, mais 5×10 ou 50, ce qui fait que
vous avez ajouté 250 : tout à l'heure, en soustrayant 250 du
total, vous ne ferez donc qu'annuler l'opération que vous
aviez exécutée.

D'autre part, en multipliant par 10 le total 4379, vous avez
également multiplié par 10 le chiffre 4, c'est-à-dire que vous
l'avez fait passer dans la colonne des dizaines, où vous le
retrouverez tout seul à la fin des opérations successives,
puisque vous aurez enlevé le 5 en soustrayant 250. Enfin
vous rencontrerez naturellement le chiffre 4 à la colonne des
unités, puisqu'il s'y trouvait seul avec des zéros qui ne pouvaient le modifier et qu'aucune opération n'est intervenue
susceptible de le changer ou de le faire disparaître. Si enfin
vous voulez bien vous rappeler que nous avons multiplié par
10, puis une autre fois par 10 le nombre 435, vous comprendrez qu'il est logique qu'il soit reporté à la colonne des
centaines.

En somme, bien que l'explication soit légèrement compliquée, la meilleure preuve qu'elle est exacte, c'est que la
formule s'appliquera aux diverses expériences que vous
tenterez, et vous permettra d'exciter l'étonnement de bien des
gens peu accoutumés à cette façon de jongler avec les chiffres.

AIR, OXYGÈNE ET COMBUSTION

Je n'ai pas l'intention de vous donner le moyen facile, et praticable dans une de ces petites expériences que je vous indique parfois, de séparer l'air que nous respirons en ses deux composants principaux, oxygène et azote; il faudrait pour cela un matériel un peu plus compliqué que celui dont nous nous contentons. Mais je voudrais du moins vous rendre visible, pour ainsi dire, cet air qui est nécessaire à la vie; vous montrer que sa présence, partout où l'on n'a pas réussi à l'expulser, permet à certains phénomènes de se manifester, phénomènes qui ne se produisent plus là où l'air est absent; tandis que, par contre, d'autres conséquences peuvent être observées et mises parfois à profit. C'est un domaine bien vaste; mais nous saurons nous borner à certains grands principes de physique ou de chimie, sur lesquels nous reviendrons peut-être plus tard, et qu'en tout cas vous approfondirez autrement si vous vous livrez à l'étude de ces belles sciences. J'aurai du moins pu vous inculquer quelques idées générales, dont vous trouverez par vous-mêmes d'autres applications.

Vous connaissez sans doute l'expérience qui consiste à renverser un verre vide dans une cuvette ou dans une assiette pleine d'eau? Il vaut mieux d'ailleurs faire la chose avec une cuvette, parce que l'épaisseur de l'eau peut être plus considérable. Si l'on enfonce le verre bien verticalement, on réalise ce qu'on appelle quelquefois la cloche à plongeur : c'est-à-dire que l'on enferme une certaine quantité d'air sous la cloche que forme le verre. Et, pour prouver qu'il y a bien de l'air sous cette cloche minuscule, on fait remarquer que l'eau ne monte pas dans le verre, elle y pénètre à peine, alors que le niveau du liquide dans la cuvette s'élève au-dessus du fond du verre. Il est bien certain qu'il y a là quelque chose pour empêcher l'eau de pénétrer dans cet espace qui semble s'offrir à elle, et où elle péné-

trerait bien vite si le verre était remis droit, et si le niveau
du liquide remplissant la cuvette atteignait son bord. Mais
est-ce bien l'air qui cause cette particularité?

Nous aurions un premier moyen de nous en assurer. Procurons-nous un petit entonnoir de verre comme tout laboratoire de photographe en possède, et plongeons-le dans la

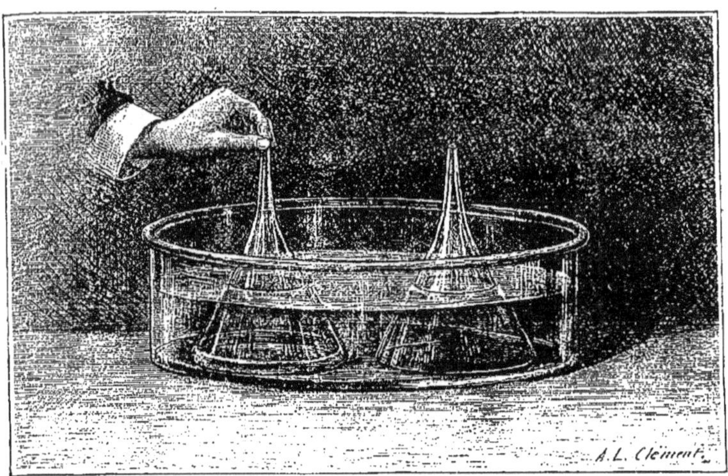

La double expérience de l'entonnoir.

cuvette, bien perpendiculairement, en appliquant soigneusement notre doigt sur l'ouverture du tube qui termine l'entonnoir, ouverture qui se trouve en haut, par suite de la manière
dont nous tenons cet entonnoir. Si notre doigt ne remue
point, les choses vont se passer naturellement comme avec
le verre, l'eau ne pourra point monter dans l'entonnoir, du
moins elle ne montera que très peu : et c'est ce que montre
la figure que nous avons fait dessiner dans ce but, et où nous
avons supposé qu'on opérait dans une cuvette en verre,
afin que les choses fussent plus aisément visibles. Mais dès
que nous enlevons le doigt bouchant la tubulure, voici l'eau
qui monte rapidement, et elle remplira tout l'entonnoir, si
le niveau en est assez élevé dans la cuvette même : c'est

l'opposé de ce qui se passait quand l'entonnoir était bouché par notre doigt. Et si, au moment précis où nous enlevions notre doigt, nous avions approché une allumette enflammée, nous aurions aperçu la flamme de celle-ci vaciller sous une espèce de souffle s'échappant de l'entonnoir. C'est l'air comprimé par l'eau dans le fond de cet entonnoir qui prend la porte de sortie qu'on lui offre. Mais nous pouvons encore mieux constater et entendre l'échappement de cet air, si nous enfonçons brusquement l'entonnoir dans l'eau de la cuvette : on entend un soufflement caractéristique, comme un coup de vent minuscule, ce qui n'est pas autre chose qu'un déplacement d'air. Et ce qui prouve bien que c'était l'air qui empêchait l'eau de monter dans l'entonnoir fermé par en haut, ou dans le verre, c'est que, dès que l'air peut s'échapper, l'eau envahit verre ou entonnoir. C'est grâce à cette particularité que l'on peut travailler sous l'eau, dans des caisses métalliques sans fond et où l'air empêche l'eau de s'introduire ; mais dans les travaux exécutés de la sorte, et au moyen de caissons à air comprimé, bien plutôt que de cloches à plongeurs, il faut renouveler l'air : parce que, en respirant dans un endroit clos, les ouvriers prennent à cet air tout ce qui est indispensable au jeu de leurs poumons, c'est-à-dire l'oxygène, dont la provision serait bien vite épuisée si l'on ne faisait point parvenir aux travailleurs, soit de l'air pur et contenant de l'oxygène en bonne quantité, soit de l'oxygène, ce qui serait plus compliqué. Voilà pourquoi, dans tous les travaux dits à air comprimé, il y a des machines qui compriment l'air et l'envoient dans les caissons (sans compter du reste que la compression contribue à mieux chasser l'eau de la partie inférieure du caisson). Je ne veux pas trop insister sur des détails ; mais il faut que vous sachiez (et vous pourriez le constater quand vous vous baignez dans une rivière, en emportant un verre avec vous) que l'eau montera d'autant plus dans le verre, en dépit de l'air qui s'y trouve enfermé, que l'épaisseur de l'eau sera plus grande au-dessus du verre. Si l'expérience n'était pas un un peu cruelle, je vous dirais que vous pouvez avec une mouche et le verre renversé que nous avons déjà employé, constater que la respiration épuise les qualités de l'air, c'est-à-dire épuise l'oxygène : si vous réussissez à enfermer une mouche sous cette minuscule cloche à plongeur, et que vous l'y laissiez un certain temps, vous vous apercevrez que la malheureuse bestiole se trouve fort mal de l'atmosphère confinée où elle doit respirer; et il arrivera un moment où elle n'aura plus la force de se traîner. Je compte que vous ne tarderez pas alors à soulever le verre qui lui sert de prison et à la rendre à la liberté, afin qu'elle se remette de son commencement d'asphyxie. Mais vous voyez l'utilité, la nécessité de l'air à la vie animale; et j'ajoute, sans vous le démontrer, que c'est l'oxygène qui agit de façon si heureuse et si indispensable sur notre organisme.

Nous allons maintenant nous livrer à quelques petites expériences sur les combustions, à seule fin de vous montrer que cet air et cet oxygène sont non moins nécessaires à la combustion en général, c'est-à-dire aussi bien à l'éclairage qu'au fonctionnement de nos foyers, et à toutes les opérations innombrables dans lesquelles nous faisons appel au feu. Et notez que cette découverte de la nécessité de la présence de l'air et de l'oxygène pour les combustions, il n'y a pas en somme bien longtemps que les hommes l'ont faite, au point de vue scientifique : sans doute ils savaient par expérience que, en soufflant sur des charbons ardents, ils activaient la combustion, mais ils ne se rendaient point compte que c'était parce qu'ils envoyaient de l'air et de l'oxygène sur ces charbons. On avait imaginé que les corps combustibles contenaient un fluide inflammable qu'on nommait le phlogistique, sans avoir du reste, et pour cause, jamais pu constater l'existence et la nature de ce fameux fluide.

C'est l'immortel Lavoisier qui a découvert la fausseté de ces explications et la nature de la combustion. Et sans prétendre lui faire concurrence, vous allez voir par vous-même que l'air est nécessaire à la combustion, et que, quand un corps a brûlé dans une certaine quantité d'air, la combustion s'arrête parce que cet air ne lui fournit plus l'élément indis-

pensable, qui est l'oxygène; que la combustion a bel et bien
enlevé quelque chose à l'air.

Nous reprenons notre cuvette pleine d'eau, et nous y
faisons flotter un petit bout de bougie, juste assez long pour
ne pas être trop pesant et ne pas s'enfoncer trop dans le
liquide; et nous allumons ce petit quinquet flottant. Ne vous
étonnez pas de le voir brûler dans l'eau : en réalité, la
flamme est abritée du liquide, parce qu'elle fond la partie
de la bougie qui est au centre et s'en nourrit, tandis que le
pourtour, refroidi par l'eau environnante, ne fond point et
forme une coupelle protectrice autour de la mèche allumée.
C'est même une des curiosités de cette expérience, que de
voir cette espèce de petit cratère se former dans la bougie,
avec la mèche brûlant derrière la muraille de stéarine qui la
préserve de l'envahissement de l'eau. Maintenant procurons-
nous un grand bocal à cornichons, par exemple, et renver-
sons-le dans l'eau de la cuvette, par-dessus la bougie. (Je
vous ai dit que j'en ai pris une assez petite, ne consommant
pas beaucoup d'air pour sa combustion, et qui pourra
continuer de brûler un court instant sous la cloche à plongeur
dont je la coiffe, en trouvant pendant cet instant l'air indispensable à sa combustion dans la masse d'air qui a été
emprisonnée sous le bocal.)

Vous aurez observé la hauteur à laquelle montait l'eau
dans le goulot du bocal, au commencement de l'expérience,
et vous verrez peu à peu, ou plutôt rapidement, parce que les
choses se passent vite, l'eau monter dans le bocal, au fur et
à mesure que brûlera la bougie : elle se met, du reste, bien
vite à languir, sa flamme baisse, et bientôt elle s'éteint
complètement. Cette extinction, cette cessation de combustion
est due à ce que l'air est consommé, ou du moins l'oxygène
qu'il renfermait; et c'est parce qu'une partie de cet air a été
absorbé, brûlé par la combustion de la bougie, que l'eau est
montée d'autant, trouvant un moindre volume d'air pour
faire obstacle à son introduction dans le bocal. (Si nous
avions employé un verre au lieu d'un bocal offrant un volume
beaucoup plus considérable, nous aurions vu la bougie

s'éteindre on peut dire instantanément, parce qu'elle eût été privée presque aussitôt de l'aliment indispensable à sa combustion.)

Nous pouvons refaire l'expérience sous une autre forme,

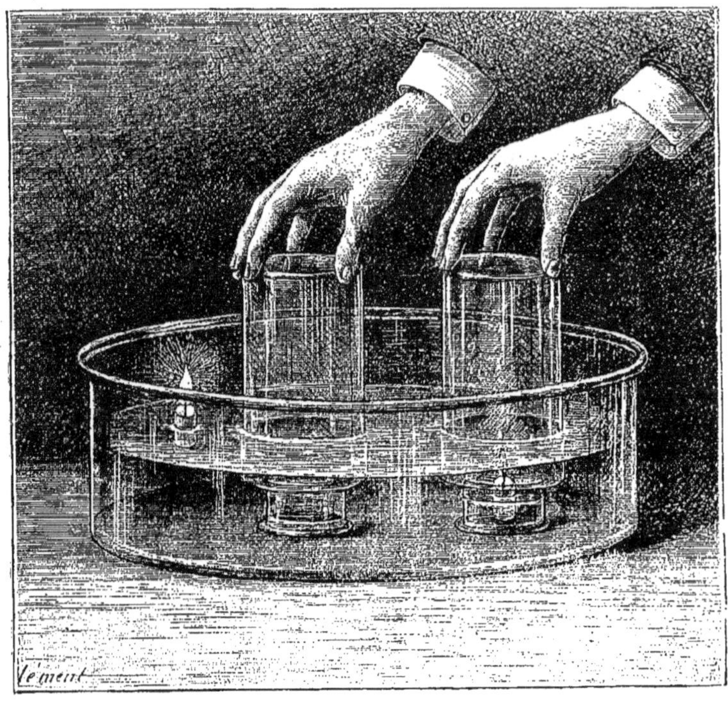

La bougie flottante et les bocaux.

pour mieux montrer que la bougie a brûlé de l'air, et a fait un vide partiel. Introduisons au fond d'un bocal, au moyen d'un fil de fer, si nous ne pouvons le faire descendre autrement jusqu'au fond du récipient, un bout de bougie analogue à celui qui nous a déjà servi, et tout allumé, car il serait malaisé de l'allumer une fois en place. Si nous laissons le bocal grand ouvert, la bougie va brûler, car l'air qu'elle a dépouillé de son oxygène est expulsé au dehors, étant plus chaud, et de l'air nouveau entrera dans le bocal pour alimenter la combustion de la bougie. Mais nous nous procurons une feuille de papier assez flexible, que nous mouillons bien pour qu'elle ne prenne pas feu; et nous l'appliquons sur l'ouverture du bocal de manière à ce qu'elle vienne obturer complètement cette ouverture. Peu après, voici la bougie qui baisse d'intensité, et finalement elle s'éteint. Vous direz que cela ressemble à l'expérience précédente. Mais où cela en diffère et nous donne un enseignement nouveau, c'est que d'abord le papier est appliqué sur les bords du bocal par le vide qui s'est fait dans celui-ci, par suite de la combustion; et si je soulève doucement un peu du papier au pourtour du goulot, j'entends un sifflement analogue à celui qui se produisait (mais en sens inverse) dans l'expérience de l'entonnoir. C'est de l'air qui se précipite pour remplir le vide dû à la combustion de la bougie : il arrive du reste trop tard pour ranimer cette dernière, qui est « morte », comme on dit dans certaines provinces françaises, tout comme quelqu'un qui serait asphyxié par le manque d'air.

On réussit quelquefois une expérience curieuse qui met bien en lumière cette suppression de l'oxygène de l'air, ce vide partiel que cause la combustion.

On fait brûler une petite bougie au fond d'une carafe à très large goulot, comme on en emploie dans les cafés, en posant dans ce goulot un œuf à la coque, mais « gras cuit », et dépouillé de sa coquille. Le vide peut suffire parfois à attirer l'œuf dans la bouteille.

Avant de finir, je voudrais vous faire remarquer un détail qui montre encore l'importance que l'arrivée de l'air en abondance a pour toutes les combustions. Vous avez vu que, dans les expériences précédentes, pour que la bougie brûle, il fallait que le goulot du bocal ou de la carafe fût large : autrement la rentrée de l'air ne serait pas possible, et la flamme s'éteindrait bien vite. Pour vous convaincre de la chose, prenez une bouteille d'eau minérale ordinaire, ou à plus forte raison une petite bouteille comme celles où les pharmaciens vendent leurs drogues, et dont on n'a que trop d'exemplaires dans toutes les maisons; puis placez-y un peu

de ouate sur laquelle vous aurez versé quelques gouttes
d'alcool à brûler; et, du bout du doigt, faites couler de ce
même alcool à l'intérieur et le long du goulot de la bouteille.

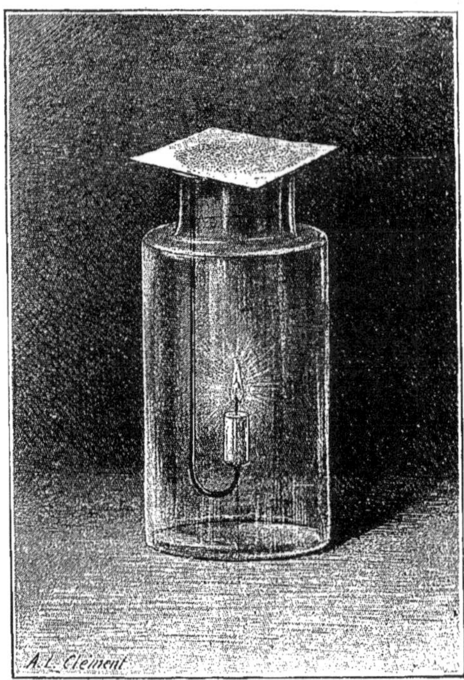

Combustion de l'air dans un bocal.

Essayez alors d'allumer ces matières essentiellement inflam-
mables (à commencer par la ouate), en approchant une
allumette du goulot mouillé d'alcool : certainement il se
produira une flamme sur le bord même du goulot, mais elle
essayera en vain de descendre dans l'intérieur de la bouteille.
Elle n'y parviendra pas, alors que pourtant les traînées
d'alcool brûlent si bien à l'air libre : c'est qu'ici le goulot est
trop étroit pour amener de l'air nouveau au fur et à mesure

qu'est brûlé, utilisé l'air qui se trouvait dans la bouteille au début de l'expérience. Et voilà pourquoi la flamme d'un bec de gaz, qui brûle cependant à l'entrée d'un tuyau plein de gaz, si inflammable, ne se communique pas à l'intérieur du tuyau ; il en serait de même, si, comme le font parfois les gaziers, on allumait le gaz au robinet d'ouverture ou de fermeture du gaz, qui offre pourtant un large passage par lequel on croirait que la flamme peut gagner à l'intérieur et se propager le long du tuyau.

Et il y a bien d'autres circonstances dans lesquelles les combustions sont impossibles ou s'arrêtent, parce que l'air qui leur est nécessaire ne peut arriver, ou n'arrive qu'en quantité trop faible.

L'ASTRONOMIE A LA PORTÉE DE TOUT LE MONDE

LES HALOS

UN savant de grand mérite, professeur au Muséum d'Histoire naturelle de Paris, M. Stanislas Meunier, a souvent réalisé des expériences bien curieuses de géologie expérimentale, comme il dit : ce sont des expériences qu'il exécute dans son laboratoire, mais avec des accessoires aussi simples que possible, et qui lui permettent de reproduire artificiellement quelques-uns des grands phénomènes géologiques dont notre globe est le théâtre. On peut en faire parfois autant en météorologie, ou encore en astronomie ; et c'est là une méthode toujours intéressante, parce qu'elle met en lumière et fait saisir sur le vif la cause des phénomènes que l'on veut expliquer.

Or, tout le monde connaît le halo photographique, maintenant que chacun possède son appareil photographique ; mais beaucoup de gens ignorent comment se produit le halo solaire ou lunaire, ne se rendent pas compte de ce qu'est ce phénomène astronomique en même temps que météorologique, car c'est un peu les deux : et là peut intervenir comme explication une de ces expériences faciles auxquelles nous faisions allusion.

Sans vouloir faire un cours d'astronomie ni de météorologie, nous rappellerons en quoi consistent les halos, qui se peuvent produire tout aussi bien autour du soleil que de la lune, mais qui se montrent plus fréquemment autour de ce qu'on appelait jadis, dans la langue poétique, « le pâle astre des nuits ». Nous donnerons ensuite l'explication scientifique du phénomène, et nous constaterons enfin par quelques petites expériences que cette explication est parfaitement juste.

Le halo lunaire, pour parler plus spécialement de lui, n'est pas seulement cette sorte de couronne lumineuse produite par de la lumière diffuse, et affectant un peu l'aspect d'une auréole, qu'on aperçoit par les nuits humides et quand on dit vulgairement que la lune est « entourée d'eau ». C'est un peu analogue, mais c'est autre chose. Un halo lunaire ne se présente du reste jamais que quand le ciel est sombre, plombé, et quelque peu embrumé, par suite des cristaux de glace qui s'y trouvent en suspension, et dont la présence est nécessaire, ainsi que nous allons le voir, à la formation du halo. Il a la forme d'un cercle, mais d'un cercle fait de toutes les couleurs du prisme, et d'une grande largeur, puisque le diamètre en est jusqu'à quatre-vingts fois celui de la lune, nous entendons le diamètre apparent de la lune. Généralement, à l'intérieur du cercle, le ciel est beaucoup plus sombre qu'à l'extérieur, au moins dans le voisinage du halo, d'où rayonne de la lumière précisément vers l'extérieur. Nous avons dit que la couronne lumineuse renferme les couleurs du prisme disposées suivant l'ordre bien connu : mais seul le rouge s'accuse nettement à l'intérieur du halo, et il forme un contour interne bien arrêté ; les autres couleurs se succèdent en se mélangeant quelque peu, en se superposant là où elles viennent à se succéder ; quant au contour extérieur du halo, il est fait d'une bande blanchâtre, qui est du reste assez diffuse à sa périphérie.

Le fait que la lumière est ici décomposée dans les différentes couleurs du prisme, comme nous le disions, laisse déjà supposer que cette lumière, pour se partager ainsi en ses éléments constitutifs, doit rencontrer sur sa route des corps qui soient susceptibles d'agir sur elle, comme le prisme de cristal dans les cours de physique; c'est de la réfraction et de la dispersion, pour employer les mots savants. Et c'est en effet ce qui se produit : la réfraction et la dispersion sont causées par une multitude de petits cristaux de glace en suspension dans les hautes régions de l'atmosphère, sur le passage des rayons lunaires, et jouant pour eux le même rôle que jouent, beaucoup plus bas. les gouttelettes de pluie que traverse la lumière solaire pour former l'arc-en-ciel.

Nous pouvons dire d'ailleurs, et peut-être nos lecteurs seront-ils quelque jour à même de le constater, que le halo lunaire offre parfois un aspect plus compliqué, tout simplement parce que les rayons lumineux, réfractés une première fois par leur passage à travers une couche de ces cristaux minuscules, en rencontrent plus loin une autre couche, puis peut-être encore une nouvelle, si bien que les réfractions les plus multipliées feront suivre aux rayons lumineux un chemin compliqué, et détermineront des figures colorées de l'apparence la plus extraordinaire. C'est ainsi que, dans certains cas, ce n'est pas un seul cercle mais plusieurs que l'on aperçoit autour de la lune; parfois ces cercles se coupent avec une précision mathématique, parce que les cristaux sont eux-mêmes disposés avec cette régularité admirable qui préside à tous les phénomènes physiques. Parfois aussi on aperçoit, en même temps que le halo des bandes lumineuses, des croix, des arcs.

Nous avons parlé surtout des halos lunaires; mais il peut s'en former également autour du soleil, quand les circonstances atmosphériques sont favorables. Toutefois ils sont beaucoup plus difficiles à observer par suite de l'éclat de la lumière solaire, qui ne laisse que bien peu paraître à côté d'elle les colorations très douces du halo. En fait, pour observer un halo solaire, il faut prendre des verres fumés, arrêtant une partie de l'intensité des rayons du soleil, ou alors observer ce dernier par réflexion dans une nappe d'eau, son

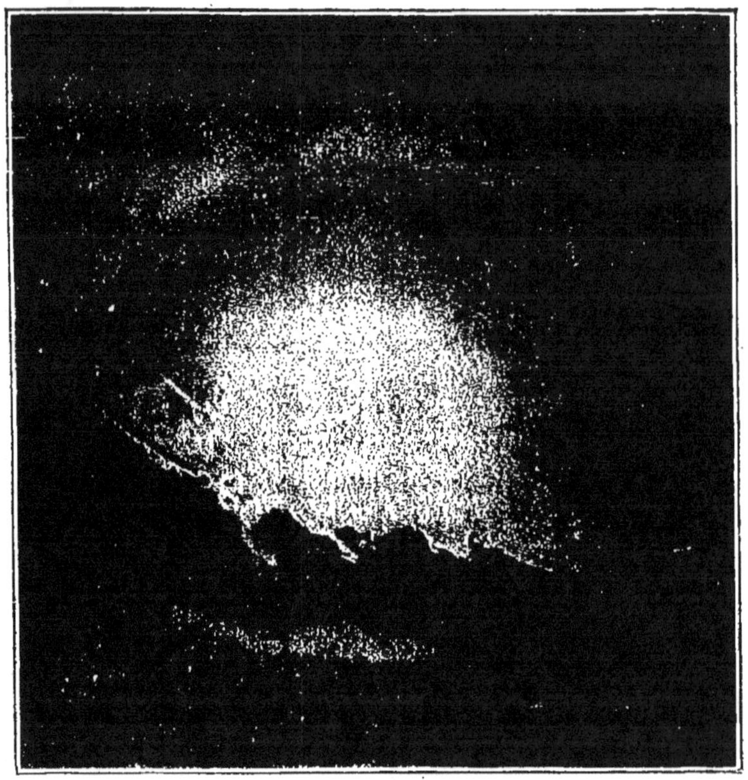

Apparence d'un halo naturel.

éclat étant suffisamment adouci alors. Nous devons ajouter que, en pareil cas, la présence dans l'atmosphère des cristaux de glace minuscules qui donnent lieu à la formation du halo, peut également déterminer l'apparition de bandes blanchâtres faisant le tour de l'horizon, et résultant de la réfraction de la lumière du jour, c'est-à-dire du soleil, sur ces cristaux.

Tous ces phénomènes sont plus fréquents dans les régions polaires, par suite même de la basse température qui règne généralement dans ces régions; mais on les observe également sous les autres latitudes, et les anciens les connaissaient bien, sans toutefois s'en expliquer la cause. On en trouverait des exemples dans Aristote, dans Pline, aussi bien que dans saint Augustin.

L'explication même que nous avons donnée de la formation des halos permet de comprendre comment il est possible de les reproduire, d'en susciter la formation, bien entendu sur une toute petite échelle, grâce à ce que nous avons appelé plus haut l'astronomie ou la météorologie expérimentales. Évidemment, nous n'allons pas pouvoir provoquer la formation de petits cristaux de glace dans l'atmosphère qui nous environne ; mais il est facile d'obtenir des petites cristallisations d'eau sur une plaque de verre, pour interposer ensuite cette plaque, ou plutôt les cristaux, sur le passage de rayons lumineux. Point n'est besoin, d'ailleurs, de recourir aux cristaux de glace, qui pourraient ne point vouloir se former isolément, et constitueraient, au contraire, une lame de glace ne répondant pas du tout au but poursuivi ; de plus, ils auraient le tort de fondre sans doute durant nos observations. Suscitons la formation d'autres cristaux transparents, que la lumière puisse traverser : ils la réfracteront et la décomposeront tout aussi bien, et par conséquent provoqueront la formation de halos. Pour cela nous n'avons pas besoin de nous livrer à des préparations chimiques bien compliquées. Faisons tout simplement une dissolution saturée d'alun, c'est-à-dire ajoutons de l'alun dans de l'eau jusqu'à ce qu'il ne puisse plus s'en dissoudre. L'alun, on le sait, peut s'acheter aisément chez le premier pharmacien ou droguiste venu. Versons un peu de cette dissolution sur une plaque de verre bien propre. de façon que le liquide demeure sur le verre : il suffit pour cela que la quantité qu'on en verse soit faible, et que la plaque soit maintenue horizontalement, car cette dissolution est comme sirupeuse ; au bout de vingt-quatre heures au plus, la dissolution sera évaporée, et il restera sur le verre l'alun, qui se sera cristallisé en minuscules petits cristaux dont nous avons essayé de donner une idée dans un des dessins ci-joints, et qui rappellent en somme assez bien les petits cristaux d'eau glacée. On aurait pu également obtenir très facilement des cristallisations au moyen d'une dissolution d'acide borique dans l'eau; mais les cristaux, tout en étant plus jolis d'aspect, avec leurs ramures variées, n'auraient pas aussi bien rempli le rôle qu'on veut leur faire jouer, en ce sens qu'ils sont moins serrés, moins analogues aux cristallisations de vapeur

Le halo artificiel obtenu au moyen d'alun.   La lune vue à travers une étamine

d'eau, qu'ils réfracteraient moins régulièrement les rayons lumineux. Au reste, pour que les cristaux d'alun répondent bien au but que l'on se propose, il vaut mieux qu'ils soient en bonne épaisseur, de manière qu'ils se touchent et se superposent tous; pour cela on peut verser une seconde fois de la dissolution sur la plaque de verre, afin que les deux cristallisations se superposent.

Et si maintenant on regarde le soleil ou une lumière bien brillante à travers ces cristaux, on voit apparaître un cercle, parfois plusieurs cercles lumineux, souvent assez nettement colorés, et qui sont précisément des halos.

Nous disions tout à l'heure que les halos étaient parfois accompagnés de bandes lumineuses, de croix, etc. Or, on peut encore ici se livrer à une petite expérience bien simple, qui montre comment la présence de corpuscules, en suspension dans l'atmosphère et par conséquent sur le passage des rayons lumineux, donne lieu à des phénomènes curieux et tout à fait analogues.

Par une soirée de beau clair de lune, la lune frappant sur les vitres où vous voudrez faire votre observation, tendez derrière ces vitres ce qu'on nomme un rideau vitrage, fait d'une sorte d'étamine mince dont les fils menus se croisent entre eux et constituent dans leur ensemble une sorte de grillage serré, mais léger, que les rayons de la lune doivent traverser. Si alors vous regardez l'orbe et l'astre, et en même temps le rideau, sans mettre au point pour ainsi dire, d'une façon et d'un œil un peu vagues, vous serez tout étonné de voir se présenter à votre vue la figure que nous avons essayé de faire dessiner, une sorte de croix lumineuse bordée d'une partie plus sombre, dont l'orbe de la lune forme le centre. Ce sont les fils disposés dans le sens horizontal et dans le sens vertical, qui agissent sur les rayons lumineux d'une manière que nous ne pouvons pas expliquer complètement ici; ils arrivent à déterminer l'apparition d'une croix analogue à celles qui accompagnent parfois le halo lunaire, et qui est, elle aussi, formée par la rencontre des rayons lumineux avec des corps en suspension et disposés régulièrement dans l'atmosphère. Il n'y a peut-être pas similitude absolue, mais il y a du moins analogie complète.

Ajoutons encore un mot à propos de ces phénomènes lumineux si curieux. Nous avons dit qu'il ne fallait pas confondre les halos avec les couronnes lumineuses, légèrement colorées parfois, qui se forment autour de la lune (ou même du soleil) quand un nuage blanchâtre et peu épais passe devant elle : cette couronne est de largeur très faible et, quand elle offre des colorations, les couleurs se présentent dans un ordre inverse de celui que nous avons signalé pour le halo, avec le rouge à l'extérieur. Malgré tout, il y a là un phénomène de diffraction qui est bien parent de ceux que nous avons indiqués plus haut. Et le fait est qu'on peut encore l'imiter artificiellement, se livrer à une autre expérience météorologique, en répandant sur une plaque de verre une petite quantité d'une poudre fine, comme la poudre de lycopode, poudre bien homogène et qui imite, de loin, les globules minuscules de vapeur d'eau dont sont formés les nuages. Si nous regardons la lune à travers cette couche pulvérulente, nous la verrons entourée d'anneaux plus ou moins colorés des couleurs du prisme. L'expérience pourrait même réussir par les nuits d'hiver en formant sur une vitre, avec la buée de la respiration, des gouttelettes de vapeur condensée qui se congéleraient en petits glaçons.

Ces expériences, comme on le voit, peuvent être variées grandement, et elles viendront vérifier, sur une modeste échelle, les théories et les conclusions de la science.

L'INERTIE ET LE REPOS

Nous avons déjà ici causé d'inertie à nos lecteurs. D'autre part, dans un autre volume inspiré par les mêmes préoccupations qui nous dirigent ici, *Promenades amusantes à travers la Science*, nous avons parlé aussi de ce phénomène physique. Cependant nous voudrions revenir sur cette question de physique, qui a peut-être semblé fort obscure à quelques-uns, si on leur en a parlé dans quelque savant cours ou dans quelque livre d'enseignement, et qui, au contraire, loin d'être aride, est particulièrement intéressante et amusante, quand on sait la regarder comme il convient. La vie de tous les jours, en effet, nous offre les applications les plus variées de cette grande loi de l'inertie; et il est facile également de préparer, sans le moindre laboratoire, des petites expériences qui la démontrent, et sous des formes

pittoresques. Comme nous ne répéterons point ce que nous
avons dit jadis, nos lecteurs d'aujourd'hui pourront se
reporter aux explications données autrefois, et qu'ils retrou-
veront soit dans ce volume spécial, que nous nous permet-
tons de rappeler, et qui renferme toute une série de petites
expériences et récréations scientifiques.

Qu'on se rappelle bien d'abord (si toutefois on le sait), ou
qu'alors on apprenne ce que c'est que les physiciens appellent
l'inertie : « Un corps, disent-ils savamment, ne peut rien
changer de lui même à son état de repos ni à son état de
mouvement ». J'avoue que cela me parait obscur au premier
abord, et bien des gens qui sont censés savoir leur physique
comme on l'apprend pour un examen, n'ont souvent pas compris ce que cela veut dire en réalité, puisqu'ils ne pourraient
employer cette fameuse règle à expliquer quelqu'une des
choses qui se passent couramment sous leurs yeux. Encore
faut-il s'entendre, d'ailleurs : quand la physique dit, « un
corps », elle entend les objets inanimés; car la faculté de se
mouvoir à leur volonté est justement ce qui caractérise l'ensemble des êtres animés. Les corps non doués de vie, depuis
la pierre du chemin jusqu'à l'eau de la carafe, n'ont, par contre,
aucunement la faculté de se mettre en mouvement d'eux-
mêmes, ni de s'arrêter quand une force extérieure les a
entraînés dans un mouvement; une fois mis en mouvement,
si rien ne venait faire obstacle à leur déplacement, ils conti-
nueraient de se mouvoir éternellement. Mais tout cela, ce sont
des définitions, et les meilleures explications sont des démonstrations parlantes, celles où l'on saisit les lois physiques dans
leurs manifestations... quand on a quelqu'un pour vous
montrer précisément qu'il y a là une manifestation de telle
loi.

Je n'ai pas besoin de vous faire examiner un caillou du
chemin : vous savez bien qu'il ne va pas se mettre à rouler
s'il n'est pas entraîné par une cause quelconque. Mais voyons
les choses autrement, et toujours en nous occupant de corps
inanimés, ou du moins où la volonté n'agit pas, et qui sont
pour l'instant absolument assimilables à ces corps, comme

les entend la physique. Nous allons considérer d'abord les
corps au repos, où ils semblent se complaire, on pourrait
dire s'entêter : un peu plus tard, nous verrons des corps en
mouvement qui se refuseront à interrompre leur mouvement,
à modifier leur état physique.

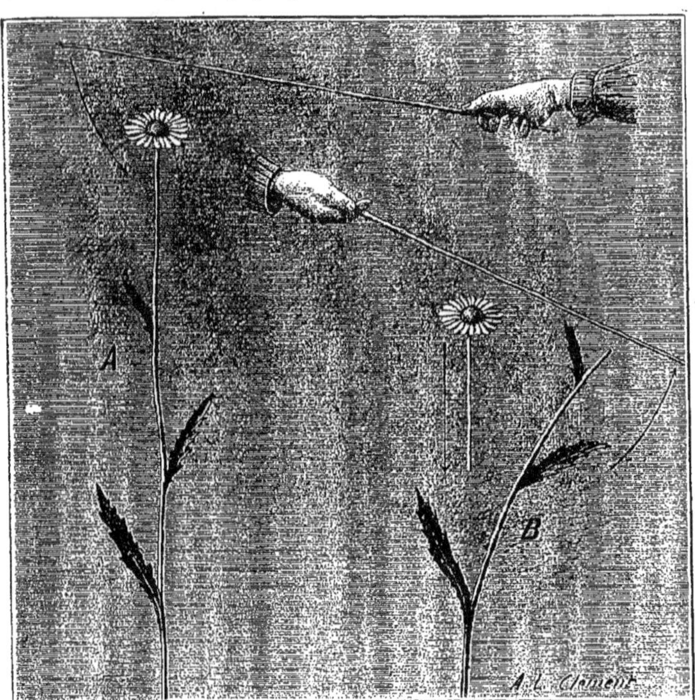

Comment l'inertie permet de couper une fleur.

Vous connaissez l'histoire de cet empereur romain coupant
dans son jardin, d'un coup sec, les têtes des fleurs qui dépas-
saient les autres : c'était une leçon de choses qu'il prétendait
donner à son entourage, mais il faisait, sans s'en s'en douter,
de la physique, et démontrait l'inertie au repos, tout comme
M. Jourdain faisait de la prose sans le savoir. Si, en effet, la
badine flexible sépare la tête de la fleur, ou bien l'extrémité

de la jeune pousse du bout de la branche, c'est principalement parce que tête de fleur ou pousse ont une certaine inertie ; elles se refusent à se déplacer tout à coup dans le sens que voudrait leur imprimer la badine ; au contraire, le reste de la tige, qui a plus de résistance pourtant, est courbé et entraîné par la baguette, parce qu'il n'a pas la ressource de rester en place ; et il est facile de comprendre que, si la tête de la fleur demeure en place et au repos, tandis que sa tige se déplace, il y aura séparation violente, c'est-à-dire que la tête sera coupée, de même que le bout de la pousse.

Les mésaventures qui vous arrivent à table peuvent vous faire réfléchir sur l'inertie, tout comme les incidents historiques. N'attirez pas à vous trop vivement une assiette sur laquelle sera un moutardier, par exemple ; car, surtout si le pot à moutarde est lourd, il pourra arriver qu'il ne lui plaise pas de subir cette rapidité de mouvement, qu'il tienne à son état de repos, et il faut des précautions, du moins de la progressivité, pour l'en faire sortir ; il pourrait parfaitement demeurer en place tandis que l'assiette se déplacerait, c'est-à-dire qu'il tomberait sur la table ou à terre suivant le cas, le point d'appui de l'assiette venant à lui manquer. Remarquez du reste (et vous ferez peut-être l'expérience sans le vouloir) que pareil incident vous arrivera parfois avec de la sauce dans une assiette : c'est même l'explication scientifique de bien des taches qui émaillent les nappes. Mais l'expérience réussit mieux, ce qui revient à dire que la mésaventure est plus sûre, quand l'objet qui est dans l'assiette est plus lourd, et c'est pour cela que je vous parlais tout à l'heure d'un pot à moutarde lourd. L'inertie est d'autant plus considérable que la masse de l'objet est plus considérable et oppose plus de résistance au mouvement : ce sont des notions de haute science que nous enseigne le modeste pot à moutarde. Les domestiques qui servent font volontiers des expériences du même genre, quand ils enlèvent trop vivement une assiette contenant couteau et fourchette, à la fin d'un repas ou d'un service, et que fourchette et couteau tombent à terre, ou bien sur la nappe, ou même sur les genoux ou les épaules du malheureux convive. Il est regrettable qu'ils ne sachent pas déduire des lois physiques de cette maladresse, car cela les en consolerait un peu.

Les voyages forment la jeunesse, dit-on avec raison. Partez donc, avec votre valise, une valise bien lourde que vous placez dans le filet au-dessus de votre tête : nous supposons que vous vous asseyez le dos tourné à la machine, et par conséquent à la direction dans laquelle le train se mettra en marche dans un instant. D'ailleurs, pour vous démontrer à vous-même la loi de l'inertie, ou tout simplement par inadvertance, vous n'avez pas enfoncé la valise suffisamment dans le filet, dont le rebord ne la maintient qu'imparfaitement. Tant que tout est au repos, rien ne se produit; mais, dès que le train se met en mouvement, surtout si le départ est un peu brusque, la valise, en vertu de son inertie, va résister au mouvement que le train prétend lui imprimer; elle cherchera (si on nous permet cette métaphore qui semble lui supposer une volonté) à demeurer en place, et, tandis que train et, par conséquent, filet s'en iront, elle se trouvera dans le vide, l'appui qu'elle rencontrait dans le filet venant à disparaître. Je n'ai pas à vous dire qu'elle ne restera pas ainsi dans le vide, ou plus exactement en l'air, et elle vous tombera tout naturellement sur la tête ou sur le nez, la pesanteur aidant. Vous pourriez exécuter une expérience aussi démonstrative et moins violente en opérant sur vous-même, cela en vous tenant simplement debout au moment où le train s'ébranlera : supposons cet ébranlement très brusque (ce que les Compagnies de chemin de fer recommandent à leurs mécaniciens d'éviter, et pour diverses causes); il est entendu d'ailleurs que vous demeurez inerte, sans faire intervenir ni muscles ni volonté. Et, tandis que le plancher où vous reposez se déplacera en avant, vous aurez tendance à rester sur place au même point où stationnait le train : comme conséquence, vous semblerez projeté en arrière, en réalité vous resterez en arrière; le plus souvent, vous tomberez ou vous vous inclinerez du haut du corps, parce que vos pieds, qui sont en contact avec le plancher, ne peuvent pas céder si aisément à leurs tendances, à l'inertie que votre tête, qui, elle, voudra davantage en faire à sa fantaisie. Si vous vous trouviez debout à l'arrière d'une voiture découverte, comme un break, au cas d'un départ brusque du cheval, vous auriez beaucoup de chances pour que l'inertie et ses lois invincibles vous envoient promener par-dessus le bord de la voiture, et tomber plus ou moins dangereusement sur la route. Pour se prémunir de ce danger, il est bon de ne pas se tenir debout dans une voiture, ou tout au moins il faut éloigner les pieds l'un de l'autre, écarter les jambes, pour se maintenir en équilibre contre cette secousse qui, en réalité, revient à vous tirer horizontalement par les jambes, tandis que la partie supérieure de votre corps demeure ou essaye de demeurer au même point.

Je vous ai dit que l'inertie se fait d'autant plus sentir, la résistance au mouvement est d'autant plus marquée que la masse, mettons le poids de l'objet considéré est lui-même plus élevé. En voici une preuve bien simple. Suspendez un fil au plafond et laissez-le tomber naturellement; puis, au moyen d'un sabre bien affilé, ou tout au moins d'un couteau, essayez de le couper en approchant rapidement cette lame, autrement dit vulgairement en donnant un coup de couteau sur ce fil : vous échouerez, parce que l'inertie du fil est suffisante pour le faire demeurer immobile, il subit trop vivement l'impulsion donnée par la lame, il fuit devant cette lame, alors qu'il faut naturellement qu'il résiste pour être sectionné. Au contraire, attachons un poids quelconque au bas de ce fil, de façon à l'alourdir, à augmenter son inertie; évidemment, si nous approchons lentement la lame du couteau, et que nous la poussions ainsi contre le fil, nous ne le couperons point, parce que nous aurons obligé ce fil à se mettre peu à peu en mouvement, qu'il suivra la lame, et que, par suite, il ne sera pas obligé de lui livrer passage en se sectionnant: mais, si nous approchons très vite le couteau, le fil, retenu par son inertie plus grande, sera incapable de se mettre à « la hauteur de sa situation », tout comme un gros homme que des enfants voudraient entraîner brusquement dans leur course folle; et, ne pouvant vaincre sa paresse à se mouvoir, il préférera donner passage à la hâte du couteau, qui le tranchera net.

Vous avez certainement entendu dire que les faussaires et voleurs de toute sorte se servaient d'un procédé ingénieux, pour refaire le cachet d'une lettre cachetée à la cire qu'ils

Les dangers de l'inertie en voiture.

veulent ouvrir, puis refermer avec un cachet identique à celui qui existait primitivement. Ils tranchent horizontalement le cachet en passant une lame mince et chaude à travers la cire, aussi près que possible du papier de l'enveloppe, et ouvrent celle-ci en la mettant à la vapeur d'eau ; mais, avant tout, ils se sont fabriqué un cachet pour reproduire l'empreinte sur la cire qu'ils couleront après coup sur l'enveloppe, afin de remettre les choses en état. Et, dans ce but, ils placent une balle de plomb, comme on en emploie dans les pistolets de tir, sur le cachet de cire, puis donnent sur le plomb un vigoureux coup de marteau sec et net : comme conséquence, le plomb, pourtant beaucoup plus dur que la cire, s'écrase et se moule sur celle-ci, grâce à l'inertie; la cire se refuse à se déplacer, à quitter sa position de repos sous l'action de ce choc brusque; et, alors qu'elle se serait écrasée, ce qui revient précisément à un déplacement, si le coup avait été moins brusque; au contraire, elle est demeurée en place et intacte, et le plomb a pris un moulage, qu'on pourra utiliser tout à l'heure à donner l'empreinte à de la cire molle coulée à la même place.

C'est l'inertie qui permet d'exécuter un petit tour d'adresse qui ressemble quelque peu à de la prestidigitation; les équilibristes d'ailleurs font souvent appel à cette loi physique dans leurs exercices. Vous repliez votre bras droit de manière à placer votre main ouverte tout à côté de votre oreille, et aussi de façon que l'avant-bras soit aussi horizontal que possible; pour obtenir ce résultat, il est nécessaire de rejeter le corps en arrière : c'est question de pratique que de trouver exactement la position à prendre. Puis, vous vous procurez trois ou quatre pièces de cinq francs, et vous les posez en pile vers l'extrémité du coude, sur votre avant-bras, où elles demeurent facilement en équilibre; ensuite vous allez essayer de les attraper de la main droite même. En effet, vous abaissez aussi brusquement que possible le coude, sans pour ainsi dire déplacer le reste du corps; et les pièces de métal, surtout à cause de leur lourdeur, de leur masse, de leur grande inertie, vont demeurer en place, en l'air, à l'endroit à peu près où elles se trouvaient tout à l'heure sur la pointe du coude. Et, dans le mouvement circulaire que va décrire votre main, suivant naturellement celui de votre coude, elle trouvera la pile de pièces sur son passage, et n'aura qu'à la cueillir en se refermant. On peut dire que l'expérience réussit forcément, à condition que le mouvement soit brusque, que les pièces soient obligées de conserver leur tendance au repos.

Inertie encore que la petite expérience qui consiste à placer une carte de visite sur le goulot d'une carafe à large ouverture, puis à poser une pièce d'un franc sur la carte, exactement à l'aplomb de ce goulot; si l'on chasse ensuite la carte horizontalement, d'une pichenette bien appliquée, et donnée suivant la formule classique, avec l'index de la main droite, la pièce tombe dans la carafe, tandis que la carte file. Celle-ci s'en va brusquement, la pièce demeure en place ; mais, comme

Pièce pénétrant dans une carafe grâce à l'inertie.

la pesanteur agit sur elle après que l'inertie l'a obligée de demeurer au-dessus du goulot de la carafe, elle tombe verti-calement et naturellement dans l'ouverture de la carafe.

Et voilà comment, à l'aide de ces petites observations de la vie courante ou d'expériences faciles à poursuivre, il est aisé de démontrer, et, ce qui est plus important, aisé de com-prendre une de ces lois de physique qu'on présente le plus souvent sous une forme rébarbative.

LES PARADOXES DE LA CONDUCTIBILITÉ

JE ne crois pas m'avancer beaucoup, en affirmant que la plupart de mes lecteurs n'ont jamais songé aux observations de physique et de chimie auxquelles pouvait donner lieu la vulgaire allumette, soufrée ou non, dont nous nous servons quotidiennement. J'ai jadis indiqué pourtant qu'elle pouvait servir à faire des expériences sur les explosions et la formation des gaz, expériences qui, malgré leur forme modeste, n'en étaient pas moins probantes; mais il y a bien autre chose à examiner dans ce petit bout de bois. Et il est notamment curieux, pour qui sait s'étonner à propos, que nous puissions tenir cette tige de bois à quelques millimètres de son extrémité enflammée, de son bout incandescent, sans que nos doigts aient aucune sensation de brûlure ni même de chaleur.

A la vérité, vous trouvez la chose toute naturelle, parce que vous avez manipulé bien des fois une allumette en cet état, et que l'expérience vous a démontré qu'il n'y avait là aucun danger de brûlure. Cependant, au lieu d'un morceau de bois, prenez un morceau de fer, ou plutôt un fil de fer, fil suffisamment mince pour que vous puissiez le faire rougir à la flamme d'une bougie; au besoin, faites la tentative avec une aiguille, et vous verrez que la chaleur est transmise a vos doigts bien longtemps avant qu'elle soit suffisante pour rougir le métal. Vous serez, par comparaison, un peu surpris de la distance respectueuse à laquelle vos doigts devront se tenir du bout rouge, au contraire de ce qui se passait pour l'allumette. L'habitude vous laisserait peut-être sans surprise, si je n'avais pas attiré votre attention sur la chose, et sur les deux cas si différents.

Pour expliquer le phénomène d'un mot, on vous dira en physique que le bois de l'allumette est un corps mauvais conducteur, alors que le métal, soit du fil de fer, soit de l'aiguille, est bon conducteur : bon conducteur de la chaleur,

il faut entendre, car on peut envisager les corps également au
point de vue de la manière dont ils conduisent l'électricité ou
le son ; ce sont deux autres genres de conductibilité, qui ne
se confondent point avec celui dont nous parlons, et il est
des substances, comme par exemple le charbon de bois, qui
conduisent fort mal la chaleur, et qui pourtant conduisent

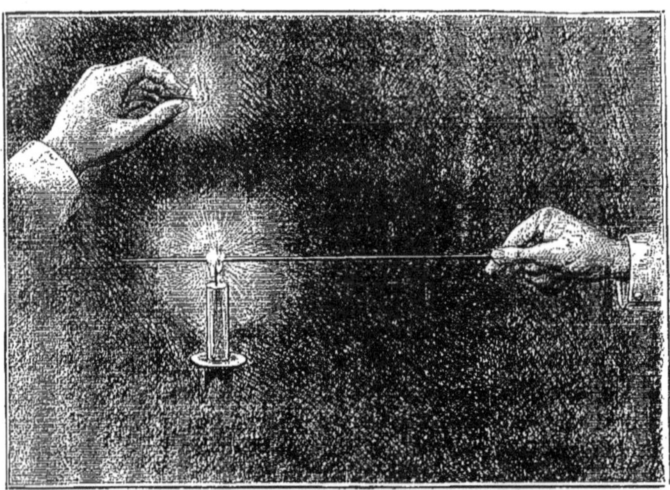

La transmission ou la non transmission de la chaleur.

très bien le courant électrique. Mais on ne comprend vraiment bien que les choses que l'on expérimente soi-même,
que l'on constate personnellement : et il n'est pas difficile de
faire de ces expériences sur la conductibilité thermique,
comme disent les savants, sur les corps qui transmettent plus
ou moins bien, ou plus ou moins imparfaitement, la chaleur.
Vous pourriez constater facilement, en en faisant rougir un
des bouts, qu'une tige métallique énorme est à ce point de
vue dans les mêmes conditions qu'un fil très mince du même
métal ; du reste, tous les métaux ne sont pas également bons
conducteurs de la chaleur. Chose bizarre, vous avez vu tout à
l'heure que le bout d'une allumette incandescente est absolu-

ment froid : il en serait tout à fait de même d'une bûche que vous tireriez du feu, si cette bûche est d'un bois bien sec. Mais prenez dans un feu de bois vert, comme on en fait souvent à la campagne, un morceau de bois humide (puisque c'est ce qui constitue sa verdeur), et vous vous apercevrez que l'extrémité opposée au bout qui brûle est bel et bien chaude, parce que le bois vert est relativement conducteur. Ceci, il le doit tout uniment à l'eau qui se trouve dans ses pores, l'eau étant assez bonne conductrice.

Vous pouvez exécuter une petite expérience bien démonstrative de la conductibilité des métaux, conductibilité variable suivant leur nature. Procurez-vous une petite tige de fer longue d'une dizaine de centimètres, et épaisse seulement de quelques millimètres; puis prenez-la avec des pinces, de façon à pouvoir exposer une de ses extrémités à la pleine flamme d'une bougie; vous aurez auparavant déposé une goutte de cire à plancher à peu près vers la moitié de la longueur de la tige. Au fur et à mesure que cette dernière chauffera, la chaleur va se transmettre de proche en proche le long du métal, et bientôt atteindra la goutte de cire, qui se mettra à fuir en s'éloignant vers la partie encore froide de la tige; si l'on continue de chauffer celle-ci, la fuite de la goutte continuera elle-même, jusqu'à ce qu'elle arrive à l'extrémité opposée de la tige et tombe à terre. Si, au contraire, vous retirez la tige de la flamme, ou si vous soufflez la bougie, le refroidissement arrivera et la goutte demeurera figée en place. Et, en expérimentant successivement sur des tiges faites de métaux divers, vous verrez que la goutte de cire fondra et fuira plus ou moins rapidement, d'après la conductibilité même du métal employé.

Mais voici des expériences qui sont aussi faciles, et qui sont plus pittoresques, si l'on peut dire, plus frappantes. Procurez-vous chez le serrurier ou le forgeron, ou même chez le quincaillier, une baguette de fer ronde et polie autant que possible; puis découpez dans du papier une languette qui soit aussi large que le diamètre de la baguette, à peu près, et longue comme une fois et demie à peine cette baguette. Vous

tournez la languette de papier autour de cette dernière, de la
même manière que le papier décorant les mirlitons est
enroulé sur le roseau qui forme le corps de cet intéressant
instrument de musique. L'important est que les spires soient
bien serrées, afin que le papier adhère aussi intimement que
possible au métal, et qu'elles se recouvrent partiellement les

Fusion d'une goutte de cire par conductibilité.

unes les autres, pour que rien du métal ne paraisse; il faut
enfin que ces spires se maintiennent mutuellement et sans le
secours des doigts, qui ne pourront tenir la baguette métallique que par une de ses extrémités seulement. Il suffit de
prendre du papier suffisamment flexible, et d'opérer métho-
diquement, pour que la chose réussisse parfaitement.

Une fois cette espèce de mirliton en fer préparé, nous le
plaçons au-dessus d'une bougie ordinaire, comme l'indique
une des figures, de façon que toute la chaleur qui se dégage
de la bougie vienne atteindre le papier. A notre grand étonnement (ou plutôt au vôtre) nous pouvons laisser la tige

métallique en place un bon moment, jusqu'à ce qu'elle commence à nous chauffer un peu les doigts, sans que nous
voyions le papier roussir ni même jaunir; et quand nous
retirons la baguette avec son revêtement de papier, que nous
examinons de près celui-ci, que nous le défaisons même, nous
constatons que la chaleur intense subie ne l'a nullement
commencé à brûler. Il s'est produit un phénomène de conductibilité, et des plus curieux. Comme le papier touchait
absolument au fer, toute la chaleur qu'il recevait pouvait être
transmise, en dépit de son peu de conductibilité, à la baguette
de fer, et la conductibilité a bientôt fait de disperser cette
chaleur dans toute la masse du métal : le calorique ne faisait
que passer, le papier demeurait en réalité froid, et il lui était
bien impossible de garder assez de calorique pour élever sa
température jusqu'au point où il aurait plus ou moins commencé à brûler. Et ce qui prouve bien que c'est le contact
intime avec le métal qui préserve le papier de la combustion,
c'est que si vous replaciez la tige de fer sur la bougie, mais
avec le papier ne serrant point, gondolant, vous le verriez à
peu près immédiatement roussir, puis brûler.

Vous pouvez renouveler l'expérience en enroulant sur la
tige de fer une languette de la plus fine batiste, dont les bords
seront déchirés et non point coupés nettement avec des
ciseaux, de telle manière que certains fils se soulèvent sur ces
bords et ne s'appliquent point sur le métal protecteur (placé
par-dessous pourtant) : vous verrez que les fils soulevés sont
instantanément roussis, tandis que l'étoffe pourtant si fine
qui s'enroule sur la tige métallique et se trouve en contact
intime avec elle est, de ce fait, mise à l'abri de la combustion
L'expérience est réellement surprenante, même pour ceux
qui connaissent les lois de la conductibilité, et j'espère bien
qu'elle les gravera dans votre esprit. Vous pourriez les confirmer en sens inverse, en enroulant la languette de papier ou
d'étoffe sur un bâtonnet de bois, sur un crayon, par exemple :
si vous placez le tout au-dessus d'une lampe, vous verrez
presque immédiatement papier ou linge griller.

Vous aurez également la possibilité de varier l'expérience

et la démonstration sous une autre forme. Si vous avez dans la maison que vous habitez une pomme d'escalier en cuivre, entourez-la d'un mouchoir fin, que vous serrerez par en bas au moyen d'une ficelle, de façon qu'il adhère bien au métal; et, au point où métal et étoffe sont en contact intime, déposez un charbon ardent emprunté au feu de la cuisine. Le charbon

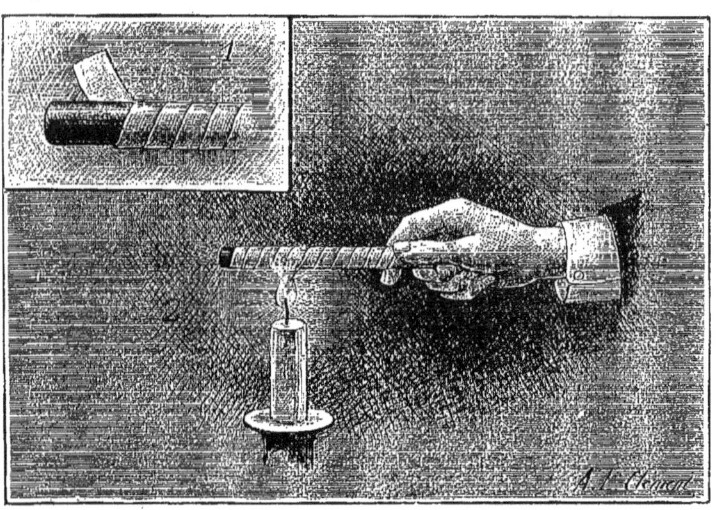

Papier résistant à la combustion grâce à la conductibilité.

ne brûlera ni ne roussira le mouchoir, et toujours parce que la chaleur sera soustraite à ce mouchoir avant qu'elle puisse en élever dangereusement la température. Vous réussiriez tout aussi bien à vous étonner vous-même et à étonner encore davantage les gens non prévenus (qui croiraient volontiers à un tour de prestidigitation), si vous tendiez l'étoffe d'un mouchoir sur une lame de couteau, et que vous en approchiez à toucher le bout incandescent d'une allumette en bois. Il ne faudrait pas employer un bout charbonné et non incandescent, parce que, alors, vous noirciriez le linge, et qu'on pourrait prendre ce noir de fumée simplement déposé pour une surface roussie. Mais en maintenant une étoffe bien

9

appliquée sur une surface en bois, sur une plaque de verre, sur le ventre d'une bouteille, vous feriez une démonstration contraire, le verre et le bois étant mauvais conducteurs.

Je vous laisse le soin de varier ces expériences et d'en trouver de nouvelles. Vous pourriez, par exemple, tendre bien soigneusement (vous savez maintenant pourquoi) un linge sous une casserole de fer que vous placeriez sur la flamme d'un fourneau à gaz ; on a indiqué aussi un procédé qui consiste à envelopper un bec de gaz ordinaire, sans verre, d'un morceau de toile adhérant bien, comme toujours, au métal du bec ; puis on allume, et le gaz peut brûler un instant sans que le linge soit détérioré.

On peut également réussir à faire bouillir de l'eau dans une boîte en carton, l'eau prenant toute la chaleur du foyer, qui ne s'accumule pas dans le carton. Ces expériences nous amènent à faire remarquer que, le plus souvent (mais cependant pas toujours), les corps mauvais conducteurs sont ceux qui s'enflamment facilement, parce que la chaleur s'y accumule et que la température s'en élève en conséquence. C'est ce qui se produit pour le papier, pour le bois, etc.

Enfin, en regardant autour de vous, songez combien fréquemment nous mettons à profit cette particularité des corps d'être ou non mauvais conducteurs. Si nous faisons nos chaudières et la plupart de nos casseroles en métal, c'est que celui-ci transmettra plus facilement la chaleur au contenu de la chaudière, de la casserole ; et il y a là certainement une raison qui fait que la cuisine dans les casseroles de terre ne donne pas du tout les mêmes résultats que dans les casseroles de fer, les terres à poterie étant mauvaises conductrices. Remarquez les lampes à pétrole, les fourneaux à alcool : bien souvent le récipient contenant le liquide est fait de verre, non pas seulement pour qu'on puisse voir s'il est plein ou vide, mais parce que ce verre transmettra fort peu au liquide la chaleur émise par la flamme, l'élévation de température de l'alcool ou du pétrole pouvant être dangereuse. Vous avez entendu dire que les chaudières se couvraient parfois intérieurement de dépôts de carbonate de chaux, provenant de

l'eau, et que ces dépôts nuisaient au fonctionnement du générateur : le motif en est notamment que les plaques de carbonate de chaux laissent fort mal passer la chaleur du foyer.

Étoffe ne brûlant point sous un charbon.

C'est la mauvaise conductibilité des poils, des fibres textiles,
que nous utilisons pour les vêtements, pour les fourrures
dont nous nous couvrons ; c'est grâce à la mauvaise conductibilité du bois ou de l'ivoire que nous pouvons manipuler
la théière ou la cafetière dont le corps de métal est cependant
brûlant, mais dont la poignée est isolée par des rondelles de
bois ou d'ivoire. Enfin, si les verres craquent et se brisent le
plus souvent quand on y verse un liquide très chaud, c'est

que la chaleur ne se transmet point à toute la masse, qu'elle reste en un point et cause une dilatation locale, qui ne peut manquer de se traduire par une séparation brusque de la portion chaude et de la partie froide du verre, c'est-à-dire par une fracture.

L'INERTIE DANS LE MOUVEMENT

Nous avons vu qu'un corps inanimé ou sans volonté ne peut pas plus changer son repos en mouvement; mais il nous reste à démontrer que l'inertie se manifeste également pour les corps en mouvement qu'on prétend faire passer brusquement du mouvement au repos Et si votre valise déposée dans le filet d'un wagon a résisté à la mise en marche, attention à l'arrêt! Cette fois, nous la supposerons placée dans le filet d'arrière du compartiment, tandis que vous êtes toujours assis sur la banquette de devant. Votre valise se déplace à la vitesse du train; et si tout à coup, pour une raison quelconque, celui-ci vient à s'arrêter avec une soudaineté aussi inattendue que désagréable, elle prétendra poursuivre sa route, jouir des droits que lui assure l'inertie : et la voici effectivement qui continue son mouvement. Elle sort du filet, comme projetée par un ressort, animée de la vitesse de marche du convoi, et elle tombe. Inertie, loi physique qui peut être cruelle, et dont les mécaniciens de chemins de fer sont priés de tenir compte en n'arrêtant que peu à peu, de manière à amortir la vitesse de marche dont est animée votre valise, et à ne plus lui laisser une force de projection, une vitesse acquise, suffisante pour la lancer hors du filet.

Remarquez que, sans l'inertie, une bonne partie des accidents de chemins de fer, j'entends les collisions et leurs conséquences terribles de blessures et de morts, seraient complètement évités. Dès maintenant on possède des freins

pour les trains de voyageurs, qui sont matériellement suffisants pour arrêter un convoi lancé à grande vitesse, dans
un espace de temps et sur une longueur minime; par
conséquent, quand un mécanicien voit devant lui un train
qu'il menace de venir « télescoper », il pourrait bloquer

La valise inerte projetée à l'arrêt brusque.

instantanément ses freins, et son convoi, le plus souvent,
s'arrêterait avant que de venir toucher l'autre. Mais le choc
qu'on éviterait d'une part, se produirait, en détail peut-on
dire, à l'intérieur des compartiments des divers wagons. En
effet, chaque voyageur est animé d'une vitesse correspondant
exactement à celle du train dans lequel il se trouve : et à cet
arrêt brusque, mettons presque instantané, il subirait l'implacable loi de l'inertie : sa vitesse acquise irait le projeter
sur la cloison qui est devant lui, tout simplement parce qu'il
continuerait sa marche en avant comme si le train ne s'était
pas arrêté. Les malheureux voyageurs seraient donc écrasés

les uns contre les autres, à peu près comme si la collision
avec l'autre train s'était effectivement produite. Au surplus,
il faut bien vous imaginer que la force vive, la vitesse
acquise, l'inertie, si vous préférez, se fait sentir également
sur le matériel roulant, sur les wagons, autant qu'ils ne sont
pas assez résistants pour ne pas se démolir sous l'influence de
la force de projection qui agit sur leurs différentes parties. Et
le plus souvent (cela s'est vu quand on freinait trop brusquement pour arrêter un convoi, cela se voit quand, dans une
collision, les premières voitures étant écrasées, les autres sont
immobilisées par la barricade que forme les débris de la tête
du train), les caisses des wagons rompent les boulons qui les
attachent au châssis, à ces poutres qui sont sous la caisse et
portent sur les roues. La caisse glisse donc, continuant son
mouvement, car elle ne peut rien modifier par elle-même à
ce mouvement, et elle vient à son tour s'écraser sur les
premiers débris. C'est l'inertie et la puissance ou force vive,
qui causent les épouvantables conséquenses des collisions et
parfois aussi des déraillements.

Ne songez pas trop à cette situation inquiétante, qui consiste
à se laisser entraîner inerte par un convoi filant à toute
vitesse, et considérons ensemble des manifestations moins
terribles de cette loi physique.

Vous vous êtes peut-être parfois fabriqué une fronde,
consistant en une petite pochette en cuir maintenue par
deux cordelettes que vous tenez en main. Vous imprimez
d'abord à la fronde le mouvement de rotation classique; et si
à ce moment vous lâchiez les deux ficelles, vous verriez la
fronde prendre la tangente, comme on dit savamment, sous
l'influence de la force centrifuge, qui s'exerce suivant une
ligne droite partant de votre main pour se diriger vers un
point de l'espace. Mais vous ne lâchez qu'une des cordelettes :
la pochette s'ouvre, et comme la pierre ne peut pas modifier
d'elle-même le mouvement que vous lui avez donné, elle sera
sous la dépendance de la force centrifuge, et suivra exactement
le même chemin que vous aviez imprimé au contenant et au
contenu, à elle et à la pochette. Remarquez que notre pierre

partie suivant cette ligne droite continuerait éternellement
ainsi, si elle ne rencontrait rien pour modifier son mouvement :
elle est passive, inerte. Toutefois, non seulement elle peut
rencontrer un obstacle, soit un mur, soit le malheureux
oiseau que vous visiez, soit une branche ou un tronc d'arbre ;
mais encore elle fend l'air, et elle frotte contre cet air, qui
cause une résistance à son mouvement, et, par suite, le
ralentit. De plus, elle subit l'attraction, c'est-à-dire que son
poids se fait sentir ; et peu à peu elle décrit une courbe, elle
se rapproche du sol, pour y tomber finalement, au lieu de
continuer en droite ligne comme elle l'aurait fait si rien
n'était venu modifier son mouvement. Elle est demeurée, du
reste, inerte, tout cela s'est passé sans sa participation.

Voici une preuve qu'un corps en mouvement ne modifie
pas de lui-même la direction de son mouvement même sous
une influence extérieure, si cette influence se produit avec
une brusquerie suffisante pour ne pas déranger le corps de
sa route, par suite de sa masse, c'est-à-dire de son poids et
de sa grande inertie. Parfois, certains tireurs se livrent à un
exercice qui prouve leur adresse : ils font lancer en l'air une
pomme ou une orange, et ils la transpercent d'une balle,
tandis qu'elle retombe. La balle passe à travers le fruit, et
celui-ci n'en continue pas moins sa chute verticale, sans avoir
l'air d'être troublé, sans être troublé aucunement dans sa
route droite par le choc, pourtant considérable que cause
une balle de fusil touchant un obstacle à faible distance. Vous
pouvez réaliser assez facilement, avec une adresse certainement moindre, une expérience tout analogue : lancez en
l'air une pomme également, ou mieux une orange, et, quand
elle passera à bonne hauteur, retombant tout droit comme de
juste, essayez de la couper en deux au moyen d'un sabre
bien aiguisé, d'un sabre japonais par exemple. Je ne dis pas
que vous arriverez à exécuter la chose dès le premier essai ;
vous manquerez peut-être de l'adresse nécessaire pour donner
le coup au bon moment. Mais si vous atteignez le fruit, vous
vous apercevrez qu'il se laisse bel et bien couper (à
condition que le sectionnement soit net et rapide), sans

cesser de tomber verticalement. Il continue son mouvement suivant la direction que lui imprime la chute, c'est-à-dire la pesanteur, et son inertie lui aura permis de résister à cette influence extérieure du coup de sabre. Notez que l'expérience réussit d'autant mieux, avec le fusil et la balle ou avec le sabre, ou même avec un couteau bien aiguisé (mais plus malaisé à employer), que le fruit est plus lourd et oppose une inertie plus grande : les choses se passent tout comme s'il était immobile. Si vous essayiez avec un bout de papier jeté en l'air, vous constateriez que le sectionnement serait beaucoup plus difficile, sinon impossible, au contraire de ce que vous auriez supposé, et simplement parce que le bout de papier aurait une inertie trop faible, et se laisserait déplacer de sa route par le sabre, sans résister et obliger la lame à le couper en deux.

Vous avez sans doute fait souvent des taches d'encre sur un livre ou sur un cahier, et vous vous êtes dit tout uniment que c'était fort ennuyeux, et que vous aviez trop pris d'encre au bout de votre plume. Mais cette encre ne serait pas tombée du bec de la plume, si l'inertie n'était intervenue. Vous avez approché vivement la main, qui tenait le porte-plume, du cahier, par exemple, puis, à un certain moment, vous vous êtes arrêté dans ce mouvement. Le porte-plume aurait continué sa route en droite ligne, pour céder à la loi de l'inertie, s'il n'avait pas été tenu serré par votre main; mais il n'en a pas été de même de l'encre : elle a continué, elle, le mouvement commencé, avec l'entêtement de la passivité, et elle a trouvé le chemin facile, glissant par le bec de la plume : elle n'a consenti à s'arrêter que sur le papier, obstacle absolu opposé à sa marche, à son déplacement. Méfait de l'inertie; il est vrai qu'à côté de cela combien de bienfaits ne lui devons-nous pas. Lorsque nous nous sommes mouillé les mains, et que nous ne possédons pas la serviette indispensable pour les essuyer, nous en hâtons étrangement le séchage en agitant nos bras de haut en bas : nous déterminons de la force centrifuge en décrivant de la sorte un arc de cercle avec nos mains, l'eau glisse le long de nos doigts, arrive au bout de ceux-ci et continue sa route en droite ligne en les quittant. Si nous voulons égoutter un verre mouillé, nous procédons de façon tout analogue et avec le même succès. Dans l'industrie du blanchissage, on utilise cette particularité sous une forme plus scientifique, et au moyen

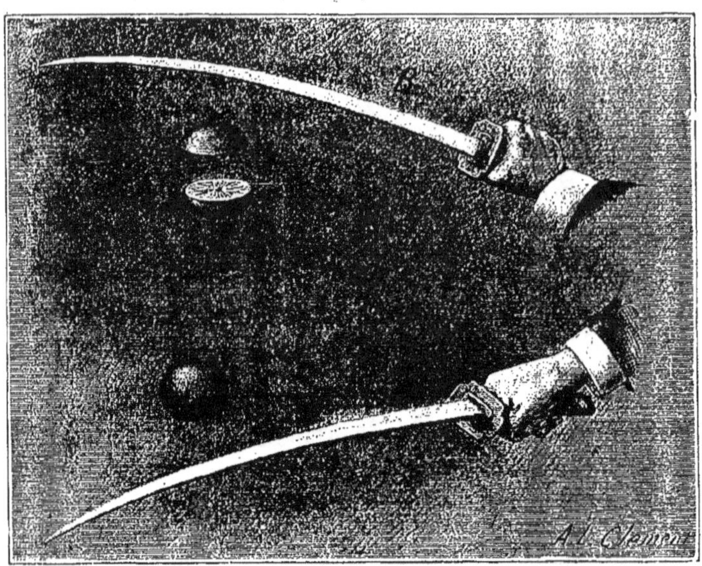

Comment on coupe au passage une orange qui tombe inerte.

de l'appareil qu'on nomme essoreuse. C'est un récipient métallique dont la paroi circulaire est percée d'une série de trous : on enferme le linge mouillé dans ce récipient, que l'on fait tourner très rapidement sur lui-même. Le linge ne peut pas sortir sous l'influence de la force centrifuge et prendre sa course en ligne droite comme le caillou de la fronde ; mais l'eau trouve un chemin à elle préparé, les petits trous percés dans les parois de l'appareil, pour fuir hors de celui-ci. Et cet ainsi que le linge est débarrassé de la plus grande partie de l'eau dont il était imbibé.

Je crois qu'à présent le principe de l'inertie doit vous apparaître bien nettement, et que vous pourriez presque en remontrer à un professeur de physique. Et, si par hasard vous assistez à une collision entre deux navires, dont l'un aura une haute et lourde mâture, vous ne serez pas étonné de voir celle-ci « venir en bas », suivant la pittoresque expression maritime, et tomber brisée au ras du pont : elle était animée d'une vitesse plus ou moins grande, et, au moment de la collision, elle a continué son mouvement comme elle a pu, tel un homme debout sur une voiture, tandis que le bateau était arrêté net. Prenez enfin en main une assiette plate, dans le fond de laquelle vous placerez une pièce de monnaie ou un petit objet relativement très lourd ; et si vous animez cette assiette par à-coups brusques, d'un mouvement à gauche, vous ne vous étonnerez pas de voir la pièce demeurer constamment à la même place dans l'espace, par rapport à votre corps, par exemple, que vous prendrez comme point de comparaison, sans suivre les mouvements et déplacements de l'assiette où elle semble glisser : en réalité, c'est l'assiette qui glisse sous elle, maintenue qu'est la pièce par son inertie.

BAROMÈTRES PAR A PEU PRES

On peut déterminer les variations de la pression atmosphérique d'une manière assez exacte et à coup sûr bien simple. Prenons un vase en verre à très large goulot, comme on en emploie par exemple pour mettre les fruits en conserve ; nous le remplissons aux deux tiers d'eau, puis nous y plaçons, renversé et le goulot en bas, un autre flacon à ouverture très étroite et à cou long, non seulement pour qu'il puisse entrer dans le premier, mais encore afin que les phénomènes que nous voulons observer puissent se produire plus aisément. Nous faisons descendre le petit flacon jusqu'à ce que son ouverture plonge légèrement dans l'eau. Évidem-

ment l'air va peser sur la surface de l'eau contenue dans le
grand vase, et le liquide aura par conséquent tendance à
monter dans l'ouverture du petit flacon : tout comme le
ferait de la pâte, par exemple, disposée de la même manière,
et sur laquelle nous exercerions un effort en appuyant la
main. Effectivement, si l'on a fait sur le goulot du petit flacon
une marque indiquant le niveau auquel était l'eau au moment
où l'on a fabriqué l'appareil, on verra certain jour l'eau
monter au-dessus de la marque, en même temps du reste
qu'au-dessus du niveau du liquide dans le grand vase; et si
vous avez un vrai baromètre que vous puissiez consulter à ce
moment, vous constaterez une montée simultanée de son
aiguille. La descente se fera de façon parallèle également, et
les oscillations de votre baromètre par à peu près vous diront
approximativement les changements de temps qui vont se
produire. Nous ne donnerons pas l'appareil comme d'une
exactitude absolue.

Ce sont précisément les difficultés qu'il y a à faire fonctionner un baromètre quelque peu grossièrement construit,
qui ont amené à combiner, pour donner la prévision du
temps, des appareils beaucoup plus simples... qui ne sont
pas en réalité des baromètres, mais des hygromètres, et
accusent l'humidité de l'atmosphère.

On peut, de diverses façons, faire s'accuser à nos yeux
l'humidité qui est en suspension dans l'atmosphère, moyens
tantôt chimiques, tantôt physiques : il y en a effet des substances qui sont avides d'eau, comme disent les chimistes, qui
absorbent toute celle que l'air leur apporte; et comme cette
absorption peut modifier la couleur ou l'apparence des substances en question, on a ainsi possibilité de combiner diverses
sortes d'hygromètres, dont nous citerons un exemple aujour-
d'hui, quitte à y revenir un peu plus tard.

On vend souvent des fleurs, des petites poupées dont la
robe ou les pétales changent de coloration suivant le temps,
à ce qu'on affirme, ce qu'il faut traduire plus modestement
en disant suivant les modifications de l'humidité de l'air. Le
papier ou l'étoffe dont sont faits les pétales de la fleur, la

robe de la poupée, sont trempés dans une solution d'un produit chimique, qui présente justement cette propriété de
changer de coloration sous l'influence d'une humidité plus
ou moins marquée. Ce produit chimique, c'est des sels de
cobalt, ou encore de nickel, et il est facile de comprendre
qu'ils subissent la même action partout où ils se trouvent :
il suffirait, par exemple, d'en enduire le papier de tapisserie
d'une chambre pour qu'elle se mette à changer tout entière
de coloration au moment des variations de temps, quand la
pluie va se produire ou, en sens inverse, quand il va y avoir
sécheresse. On obtiendrait un effet au moins aussi curieux
en étendant une dissolution de ces sels sur les carreaux d'une
fenêtre : cela ferait des vitraux changeants et utilitaires.

Voici quelques formules qui permettront de se livrer à
cette décoration changeante et soi-disant barométrique, sur
les murs des pièces ou sur les carreaux des fenêtres ; il faut
naturellement préparer avec les sels une sorte de peinture
ayant une certaine consistance, pour qu'elle prenne bien,
notamment sur les vitres. Vous pouvez faire dissoudre une
partie de chlorure de cobalt, ce qui se vend chez les marchands de couleur ou tout au moins de produits chimiques,
et une partie également de gélatine dans cent parties d'eau,
et vous obtiendrez une espèce de peinture à la colle. Norma-
lement, elle présente une coloration bleue ; mais, si l'humidité se fait sentir dans l'atmosphère, elle perdra toute coloration, ce qui est peu ordinaire pour une peinture. Faites de
même un enduit avec vingt parties de gélatine, une partie de
chlorure de cobalt, trois quarts de partie seulement d'oxyde
de nickel, et enfin un quart de partie de chlorure de cuivre
dans deux cents parties d'eau, et vous aurez une peinture
verte par beau temps sec, mais se décolorant complètement
sous l'influence de l'humidité : quitte ensuite à reprendre sa
coloration verte quand le temps retournera au sec.

Pour ne pas exagérer, nous devons dire que ces enduits
ne sont pas le plus généralement sans couleur par temps
humide, mais d'une coloration extraordinairement affaiblie,
el premier par exemple tournant au rose très clair ; le chan-

gement se fait peu à peu, et il passe au violet avant d'atteindre le rose, ou avant de retourner au bleu.

Voyons maintenant si l'on ne pourrait pas se fabriquer simplement un hygromètre, ou un hygroscope (comme on dit pour les appareils relativement peu précis que nous avons en vue) fondé sur un phénomène physique; ce phénomène, ce sera l'action que subissent une foule de matières, fil, bois, papier, etc., sous l'influence de l'humidité qui est en suspension dans l'air, et qui s'y dépose ou plutôt qui pénètre dans leur tissu, dans leur masse, en faisant allonger la matière, en la gonflant et en accusant par conséquent de façon sensible extérieurement, la présence de cette humidité. Tout le monde sait que le bois se gonfle, *joue* sous l'influence de l'humidité; et c'est pour cela que les portes ou les fenêtres forcent, refusent de s'ouvrir facilement quand il pleut fort ou longtemps. Le phénomène qui se produit est aisé à saisir : par suite d'une propriété particulière, qu'on nomme l'hygrométrie, les cellules du bois, et aussi du lin, du chanvre, du coton et de bien d'autres substances, attirent pour ainsi dire les gouttelettes minuscules de vapeur d'eau qui sont dans l'air. Ces gouttelettes tiennent de la place, comme de juste, et elles font gonfler, augmenter de volume la substance où elles viennent se déposer. S'il s'agit, par exemple, d'une tige ronde en bois, elle verra son diamètre croître en même temps que sa longueur; si c'est un fil de chanvre, un bout de ficelle, il s'allongera également, mais en même temps aura tendance à se tordre sur lui-même, parce qu'il est fait de plusieurs brins enroulés qui, se touchant par une partie de leur surface, reçoivent l'humidité par leur portion extérieure seulement, ce qui les fait se dilater irrégulièrement.

Mais précisément, en nous basant sur la dilatation irrégulière d'un corps qui ne laisse pénétrer l'humidité en lui que d'un côté, nous avons la possibilité de construire un hygromètre assez précis, qui a l'allure d'un véritable instrument à cadran.

Nous nous procurons d'abord une planchette carrée et mince, que nous pouvons découper dans une boîte à cigares, et que montre la gravure que nous avons fait dessiner, en même temps que la décompositon et une coupe de notre appareil, et celui-ci une fois monté et terminé. Sur cette base, il s'agit de faire tenir verticalement un fil de fer qui va former l'axe de déplacement de notre aiguille indicatrice; et pour que ce fil de fer (qui a quelque 16 à 17 centimètres de haut) tienne bien dans la faible épaisseur de la planchette, nous garnissons une de ses extrémités d'une rondelle de bouchon que nous fixons sur la planchette au moyen de cire à cacheter. Le procédé est rapide et fort simple. Nous faisons du reste pénétrer le fil de fer dans le bouchon et dans la planchette, en recourbant son extrémité en dessous de celle-ci, de manière à le river pour ainsi dire et lui donner une grande solidité. Préparons maintenant notre élément essentiel, destiné à subir l'action de l'humidité et à se tordre ou à se détordre suivant que le temps est sec ou au contraire humide. Pour cela nous découpons dans du papier très épais une bande large de 7 à 8 millimètres, que nous entourons à la façon des devises de mirliton, en hélice par conséquent, autour d'un gros crayon rond; pour l'y maintenir, nous l'attachons aux extrémités du crayon par des liens de fil, et nous enduisons alors à plusieurs reprises la surface de cette bande avec du vernis à tableau, qu'on se procure facilement chez les marchands de couleurs. Ceci, dans le but de rendre une des faces de l'hélice de papier imperméable à l'humidité. Quand les couches de vernis sont bien sèches, on coupe les fils, on retire le crayon, et l'on supprime les bouts du ruban de papier qui ne seraient pas complètement vernis.

Il s'agit maintenant de disposer l'hélice verticalement et de manière qu'elle puisse tourner, se tordre et se détordre autour de la tige de fil de fer. Rien n'est évidemment plus simple que d'y enfiler cette hélice, puis de la rattacher, toujours au moyen de cire à cacheter, à une rondelle de bouchon qu'on piquera et collera en haut du fil de fer. D'après ce que nous avons laissé entendre, la face intérieure et non vernie de l'hélice se laissera seule pénétrer par l'humidité; celle-ci dilatera cette face, et tendra par conséquent à faire

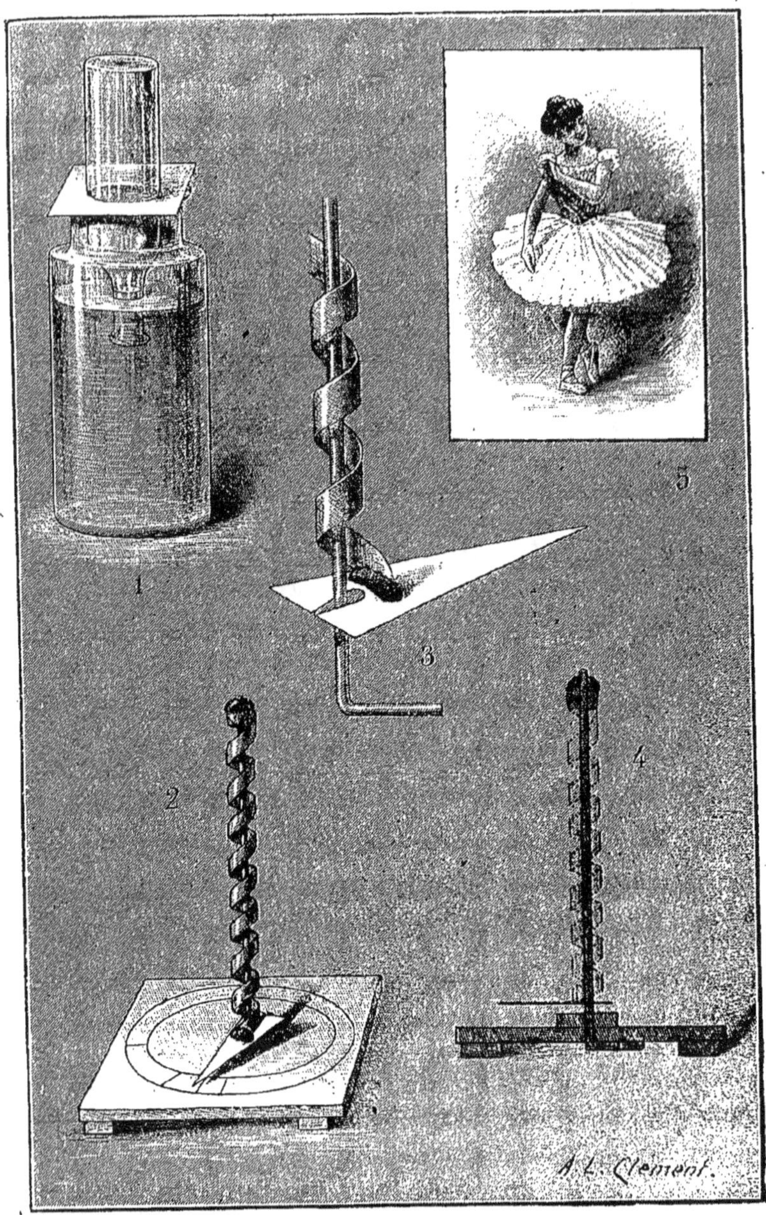

Baromètres et hygromètres de famille.

ouvrir, à faire dérouler l'hélice, en indiquant la proportion plus ou moins forte d'humidité. Mais il faut que, pour faire nos observations météorologiques, nous ayons des points de repère permettant de constater les enroulements et déroulements successifs de l'hélice de papier; et, dans ce but, nous allons la munir d'une aiguille indicatrice, découpée elle aussi en papier très fort, mais qui n'a pas besoin d'être préparé. Cette aiguille, dont un dessin de détail (fig. 3) donne la forme et la disposition, est collée au bas de l'hélice à l'aide de cire à cacheter; elle est percée d'un trou pour qu'elle puisse s'enfiler et jouer librement autour du fil de fer; et même son talon présente une fente par laquelle on peut faire passer le fil de fer pour faciliter sa mise en place.

Bien entendu, les choses doivent être disposées de manière que ni l'hélice de papier ni l'aiguille ne touchent le fil de fer, car cela gênerait les mouvements de la bande de papier sous la force assez faible que représente la dilatation due à l'humidité.

Quant aux points de repère, avant de mettre en place le fil de fer, nous avons tracé sur la planchette un double cercle dont le centre coïncide avec le point où nous devions piquer le fil métallique. L'aiguille va se déplacer dans l'une ou l'autre direction, sa longueur étant calculée de façon que sa pointe vienne au-dessus des deux cercles tracés; et nous pourrons alors graduer l'appareil. Nous l'observerons à divers moments, tantôt par les temps les plus humides que nous pourrons constater en mettant la notation de grande pluie au point où l'aiguille se trouve alors; tantôt au contraire par les temps les plus secs, pour inscrire sur la planchette une indication correspondante. Ce seront les deux extrêmes de la graduation; et, suivant que l'aiguille se déplacera vers l'un ou vers l'autre, nous pourrons prédire la pluie ou la sécheresse.

ENCORE UN MOT SUR LES HYGROMÈTRES

Voulez-vous un hygromètre : pendez le long du mur une cordelette fixée en haut à un clou, et dont l'extrémité portera une petite plume d'oiseau comme index : puis faites sur le mur une marque correspondant à la hauteur à laquelle cet index tombe quand le temps est aussi sec que possible. Dès que de la vapeur d'eau, de l'humidité se manifestera dans l'air, la cordelette s'allongera et l'index vous signalera la pluie qui vient en descendant de façon plus ou moins sensible le long du mur.

On a remarqué que les pommes de pin sèches ou d'épicéa, ont une tendance à s'ouvrir quand le temps est à la pluie : elles se referment, reviennent sur elles-mêmes quand le temps retourne à la sécheresse. Souvent, dans les pays où l'épicéa abonde, on voit sur les portes, ou sur une planchette spéciale pendue au mur, une pomme, un fruit de cet arbre cloué par sa base, tandis qu'une aiguille à tricoter est attachée à une des écailles et joue le rôle de l'aiguille indicatrice de tous les appareils du même genre. Par suite de sa longueur, elle amplifie les mouvements naturellement assez faibles de l'écaille, et elle se déplace devant un petit carton qui forme le cadran de l'instrument, et où l'on a marqué le point qu'atteint l'aiguille quand le temps est aussi humide que possible, et, d'autre part, celui où elle revient quand la sécheresse est complète.

Recourons maintenant aux baroscopes, fioles de verre remplies d'une composition liquide plus ou moins complexe, où se produisent des changements curieux, sous l'action d'une humidité marquée de l'atmosphère. Pour se faire un baroscope, on n'a qu'à acheter chez les marchands de verrerie un tube de 50 centimètres de long et de 2 centimètres seulement de diamètre ; on le remplit d'un liquide fait de 10 grammes de camphre, de 5 de salpêtre, et de la même quantité de sel ammoniacal (ce que les savants appellent du chlorure ammo-

10

niacal) dans 105 grammes d'alcool à 90°, additionnés de 45 grammes d'eau distillée ou d'eau de pluie. Il faut filtrer avant de verser dans le tube, puis on bouche bien, en cachetant même à la cire, pour arrêter les poussières. On fixe son baroscope sur une planchette, et on l'observe de jour en jour, pour prévoir le temps. Quand le liquide demeure clair c'est du beau temps; si des cristaux se forment au fond, le temps se trouble. Si c'est le liquide dans toute sa masse qui perd sa transparence et devient trouble, on aura de la pluie, et s'il se présente en même temps de petites étoiles, c'est qu'il y aura de l'orage. Quand de larges flocons se forment dans la solution, le temps va être lourd, le ciel couvert, et si l'on est en hiver, il tombera probablement de la neige. On pourrait d'ailleurs suivre une autre formule, toujours avec les mêmes ingrédients faciles à manipuler, pour se fabriquer un baroscope. On mettrait dans un tube de 20 à 30 centimètres de hauteur une solution faite de 6 grammes de salpêtre, d'autant de sel d'ammoniac et de camphre, dans 80 grammes d'alcool à 80° et 200 grammes d'eau distillée. Ici la pluie serait annoncée par l'ascension progressive des substances en dissolution vers le haut du tube, par la formation de petites cristallisations se mouvant comme des étoiles au sein du liquide; pour une tempête, la matière solide se retrouverait sous la forme d'une sorte de rameau, de cristallisations en haut du tube, tandis que, pour annoncer le beau temps, le liquide serait absolument clair.

Voyons maintenant à fabriquer un hygromètre très sensible, basé sur la dilatation que fait subir l'humidité, à la fois à des bandes de papier et à des crins de chevaux, deux substances qui sont particulièrement hygrométriques : pour ce qui est des crins nous ferons remarquer qu'ils sont essentiellement de même nature que les cheveux, et qu'il se fait des hygromètres à cheveux pour les laboratoires les plus savants.

Que nos lecteurs veuillent bien, pour comprendre nos explications, se reporter à la figure que nous avons fait dessiner et où les différentes parties constitutives de l'appareil sont indiquées par des lettres. Nous commençons par découper dans du gros papier, du papier brun d'emballage fera très bien l'affaire, deux bandes *a* et *b*, toutes deux larges de 2 centimètres et demi, et longues l'une de 76, l'autre de 50 centimètres : c'est en partie sur ces bandes que l'humi-

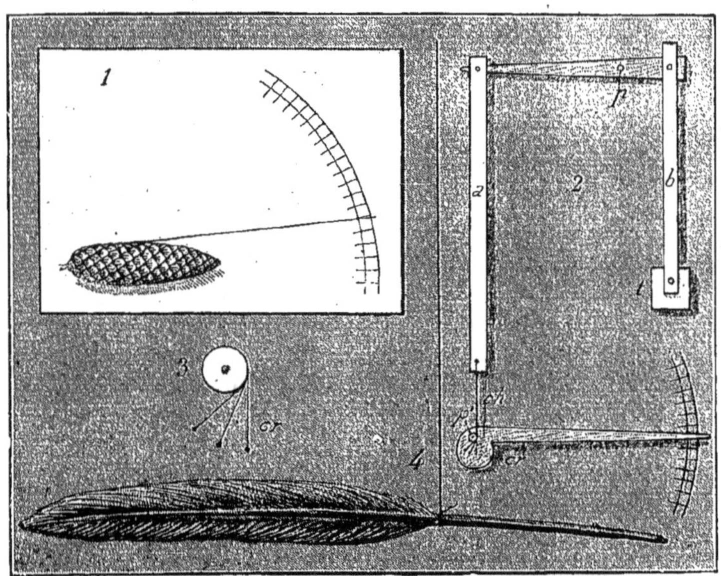

Hygromètres faciles à construire.

dité va venir exercer son action, et d'autant mieux que la texture du papier sera plus grossière. Aux extrémités de chaque bande, on ouvre une boutonnière, un trou, qui permettra de les accrocher ou d'y fixer les crins comme nous l'expliquerons. On fabrique ensuite, en la taillant dans une planchette de bois aussi mince que possible et cependant rigide, une petite pièce de 30 centimètres environ, ayant d'un côté la forme en pointe qu'indique la figure en haut : c'est ce qu'on nomme en mécanique un levier, destiné à transmettre les mouvements d'allongement de la bande *b* à la bande *a* et au reste de l'appareil. Il faut donc que, par elle-même, cette pièce n'oppose aucune résistance aux mouvements qui lui seront transmis; c'est pour cela que nous l'avons voulue légère quoique non susceptible de se déformer, et aussi qu'elle doit être bien équilibrée autour du point qui lui sert d'axe d'oscillation, de pivot. Ce pivot doit être fixé à peu près à 10 centimètres de l'extrémité du talon : c'est au constructeur à essayer son levier et à le modifier un peu en lui enlevant du bois, de manière à ce qu'il reste en équilibre comme un fléau de balance quand il est fixé sur son pivot. Pour disposer celui-ci, on perce dans la planchette formant levier un trou en p, et l'on y fait entrer un clou qu'on enfonce dans un mur, le long duquel on va monter l'hygromètre. On peut dès maintenant mettre également en place les deux bandes de papier, en les accrochant par ce que nous avons appelé leurs boutonnières à deux tout petits clous que nous avons enfoncés vers les extrémités du levier. La disposition s'explique du reste par la figure. Par son bout libre, la petite bande se fixe sur une cale t collée au mur.

Le bout inférieur de la plus grande bande de papier se relie à une sorte d'aiguille indicatrice inférieure au moyen de plusieurs crins de cheval, qui vont compléter la partie hygrométrique de l'appareil et qui sont désignés par les lettres ch; mais il nous faut indiquer comment est faite l'aiguille indicatrice, et aussi comment l'allongement des crins et des bandes de papier se traduit par un déplacement du bout de cette aiguille devant le cadran tracé sur le mur.

Cette aiguille est taillée elle aussi, mais à la scie par suite de sa forme plus contournée, dans une planchette de bois des plus minces; elle est apointée par un bout et, de l'autre, elle présente un talon rond rappelant un peu la forme d'un casse-tête indien. Cette aiguille oscille autour d'un pivot, fait d'un clou et placé en p', c'est-à-dire au centre du cercle qui constitue le talon : l'important est que la forme de l'aiguille soit telle que la partie droite, la pointe, fasse un peu plus d'équilibre à la partie gauche, que le poids de la pointe emporte par conséquent légèrement le talon et tende à faire tourner l'aiguille autour de son pivot; la différence de poids, toutefois, doit être aussi faible que possible, et, pour réaliser cette condition, on procédera par essais et par tâtonnement en rognant du bois en tel ou tel point où cela sera nécessaire. Pour enrouler le bout des crins et leur permettre de commander les déplacements de l'aiguille sur le cadran, on colle, sur le talon de l'aiguille, une petite poulie que traversera naturellement le clou formant pivot en p'. Cette poulie, en dépit de son nom un peu ambitieux, est tout simplement faite d'une petite rondelle de bois dans laquelle on creuse au pourtour, sur la tranche, au moyen d'un canif, une petite gorge, une sorte de rainure où viendront se loger les crins. Bien entendu, il faut disposer la poulie en question sur la pièce avant que d'équilibrer celle-ci, car autrement le poids surajouté de cette poulie viendrait troubler l'équilibre poursuivi. Pour relier les crins à la bande de papier a, on pourra leur faire former un gros nœud pénétrant dans la boutonnière; d'autre part, pour les fixer sur la poulie, on les enroulera par exemple d'un tour complet autour de cette poulie, puis on colle leur bout libre en cr, à la surface de la petite poulie, au moyen de colle forte ou encore de cire à cacheter. Il suffit de trois ou quatre crins de cheval; et quant à la longueur qu'on leur donnera, elle est un peu secondaire, quelque 10 à 15 centimètres.

On doit comprendre dès maintenant comment s'achève le montage : il vaut mieux y procéder par un temps sec, afin de faciliter le réglage de l'instrument. Les bandes de papier tombent verticalement, de même que le faisceau de crins; quant au pivot p', il est cloué de manière que la bande a et les crins soient bien étendus sans être soumis à un effort de traction. Il vaut mieux également que la façon dont on a enroulé et fixé les crins permette à l'aiguille de se présenter droite. Enfin, ce qui importe beaucoup, c'est que les clous formant pivot jouent bien dans leurs trous.

Vienne maintenant de la pluie, une forte proportion d'humidité dans l'air, et la bande de papier b s'allongera; le levier commencera d'osciller vers la gauche; et comme, d'autre part, la bande a et les crins auront également allongé, l'aiguille pourra céder au léger poids de son extrémité, et s'incliner vers la droite sous l'influence de ce poids, tandis que les crins s'enrouleront sur la poulie par leur bout inférieur. Par conséquent, l'arrivée de la pluie sera annoncée par un abaissement de l'aiguille, et le retour au temps sec causera un mouvement inverse.

LES SURPRISES DE LA FORCE CENTRIFUGE

Sous une forme un peu vulgaire, mais bien vraie néanmoins, on dit que la force centrifuge est celle qui pousse un corps quelconque se mouvant en rond à s'échapper hors du cercle qu'il décrit. Attachez à une ficelle une pierre ou, ce qui est plus facile, n'importe quel objet lourd et présentant un manche ou un anneau, par exemple un marteau, un poids, et tournez sur vous-même rapidement en tenant la ficelle à bout de bras. Vous la sentirez bien, cette force centrifuge, qui tire le marteau en dehors du cercle décrit par lui dans l'air : il se maintient suspendu par cette force, en dépit de son poids, qui le ferait intantanément tomber à terre si vous vous arrêtiez, c'est-à-dire si la rotation venait à cesser. Et si, tenant votre ficelle de la main gauche, vous vous armez d'un couteau et sectionnez brusquement la cordelette, tandis que la force centrifuge la fait tendre, vous allez voir le marteau prendre sa course, être projeté en dehors du cercle qu'il décrivait.

Dans des conditions un peu analogues, la force centrifuge est trop souvent cause, dans les usines, d'accidents redoutables. Voici une grande roue métallique, qu'on nomme une poulie ou un volant, qui tourne à grande vitesse : elle est mue par un moteur dont elle sert à régulariser le mouvement ou bien elle supporte une courroie qui glisse à sa surface, entraînée par sa rotation. A un moment donné, sa vitesse augmente par trop ; et, si sa solidité ne répond point à cette vitesse, elle va se briser en plusieurs fragments qui voleront

de tous côtés, en frappant peut-être des ouvriers. Ou bien
encore ce sera une meule en émeri, comme on en emploie
pour aiguiser les outils : en ce cas, la meule est mue à la
vapeur, par l'intermédiaire d'une courroie, et elle peut prendre
une vitesse de rotation extrêmement accélérée, telle que sa
masse se fragmentera, et que ses morceaux iront sillonner

Comment un objet « prend la tangente ».

l'air comme des projectiles, et, comme des projectiles aussi,
pourront atteindre une foule de gens. C'est la force centrifuge
qui est la coupable, étant entendu qu'elle n'aurait pas pu
exercer ses méfaits, si le fabricant de la meule ou du volant
avait construit l'un ou l'autre appareil de manière qu'il résis-
tât à un effort très considérable : ou encore si l'on avait pris
des mesures pour empêcher que la machine motrice s'emball-
lât, ainsi qu'on dit, et imprimât au volant ou à la meule
une vitesse de rotation exagérée. Toutes les parties qui constituent ces appareils étaient dans la même situation que le
marteau de tout à l'heure au bout de la ficelle tenue dans

votre main : elles étaient bel et bien rattachées au centre autour duquel elles tournaient, non pas sans doute par une ficelle, mais par des bras métalliques pour le volant, par le ciment agglomérant les diverses particules d'émeri dont est faite une meule.

Ce qui est bien remarquable, c'est que quand un corps, sous l'influence de la force centrifuge, s'échappe du cercle qu'il décrivait, il se précipite obliquement et non point en droite ligne, en semblant fuir le centre du cercle où il se mouvait tout à l'heure. Dans le langage savant, cela s'appelle prendre la tangente; et la chose est assez facile à comprendre, si l'on renouvelle la petite expérience du marteau qu'on fait tourner à bout de bras, attaché à une ficelle. Au moment où vous allez donner le coup de couteau qui tranchera la ficelle, qui mettra le marteau en liberté, c'est-à-dire qui lui permettra d'obéir à la force centrifuge, examinez bien le chemin, les savants diraient la trajectoire, qu'il va suivre. Nous avons fait indiquer en pointillé dans la figure qui est sous vos yeux, tout à la fois le cercle que le marteau décrivait au bout de la ficelle quand il était rattaché ainsi au centre de ce cercle, puis le chemin qu'il suit au moment où l'on coupe la ficelle et où l'action de la force centrifuge se manifeste de la façon la plus sensible. Ce chemin ne se trouve aucunement en prolongement de la ficelle au moment où l'on a tranché celle-ci, mais bien sensiblement perpendiculaire à cette direction. Et si vous avez fait le moins du monde de géométrie, vous verrez que c'est bien la disposition en tangente par rapport au cercle décrit. De là l'expression de « prendre la tangente », que l'on emploie bien souvent au figuré pour désigner une personne qui, par exemple, échappe à un raisonnement, prend un détour, le fuit, se dérobe.

Cette bizarrerie apparente peut se comprendre elle aussi et s'expliquer aisément par la raison. C'est bel et bien une application de cette loi de l'inertie dont nous avons causé antérieurement; et c'est pour cela que je vous avais indiqué l'instrument qu'on nomme une fronde comme basé sur l'inertie dans le mouvement. Un cercle est composé pour ainsi dire

d'une infinité de petites lignes de proportions minuscules, qui
se racordent les unes aux autres suivant un angle déterminé.
Et tout objet qui décrit un cercle peut être tenu pour suivre,
pendant un bien court instant il est vrai, une ligne droite dont
la direction coïncide précisément avec cette tangente que
nous le voyons prendre. Et, si on lui rend sa liberté juste à ce
moment, il suivra cette ligne droite : en vertu de l'inertie, il
ne saurait en effet continuer que dans la direction même où
il était en train de se mouvoir.

Mais vous pouvez constater cette force centrifuge et cette loi
de la tangente, que je viens essayer de vous faire comprendre,
en voyant tourner une roue de voiture par une journée plu-
vieuse, et par suite boueuse. La roue se charge de boue au
contact du sol ; et, si sa vitesse est assez grande pour vaincre
l'adhérence de cette boue à la surface du bandage, ce mélange
d'eau et de terre va être lancé suivant la trajectoire, reprendra
sa liberté, comme le marteau à l'instant où nous avons coupé
la corde, et obéira pleinement à la force centrifuge. Vous
verrez les particules boueuses lancées avec force suivant la
tangente au bandage de la roue. La meule qui tourne rapidement et qu'on arrose d'eau, va de même lancer cette eau au
fur et à mesure de sa propre rotation, toujours sous l'influence
de la force centrifuge, et dans des conditions tout à fait analogues.

Nous avons expliqué déjà comment, dans les essoreuses,
on utilise l'inertie pour sécher le linge, séparer l'eau qui le
mouille en la projetant contre les parois de l'essoreuse : si
elle se sépare du linge en vertu de l'inertie, c'est sous
l'influence de la force centrifuge qu'elle est projetée ainsi au
loin. On fait des écrémeuses qui sont basées exactement sur le
même principe : le récipient contenant du lait est soumis à un
mouvement de rotation, et comme les particules de crème, de
beurre, par suite, sont plus lourdes, elles subissent de façon
plus intense la force centrifuge : elles vont se réunir au pourtour du récipient, d'où elles s'écoulent dans un vase destiné
à les recueillir tandis que le lait, plus léger, reste au centre et
se trouve écrémé. On réussit tout aussi bien, au moyen

d'appareils où la force centrifuge est mise à profit, à purifier des eaux plus ou moins impures qui renferment des détritus forcément plus lourds que l'eau.

Mais dans vos jeux mêmes et dans les sports, vous trouvez constamment à constater ou à appliquer la loi de la force centrifuge. Prenez un cerceau et le bâton destiné à le conduire, et posez ce cerceau sur le bâton, que vous tiendrez à bout de bras. Vous imprimez alors un mouvement de balancement à votre bras, et vous arrivez au bout d'un instant, et bien facilement, à une véritable rotation du cerceau autour du bâton. En tournant de la sorte, ce rond de bois passe par toute une série de positions : nous en avons fait représenter deux extrêmes, celle où il est à sa position la plus haute, l'autre au contraire (qui est figurée en pointillé) où il est dans sa position la plus basse. Dans cette dernière situation, l'influence de la force centrifuge ne se manifeste pas très visiblement, mais il en est tout différemment de la première. Essayez donc en effet de mettre le cerceau dans cette position sans lui donner aucun mouvement de rotation, de le coller pour ainsi dire sous votre bâton par l'intérieur de sa partie inférieure; et vous constaterez sans peine (ce que vous auriez prévu facilement) qu'il ne demeurera pas dans cette position, que son poids, ce que les gens savants appellent la gravité, le fera retomber immédiatement dans la seconde position, dans la position représentée en pointillé. Et pourtant, grâce à la rotation autour du bâton, vous arrivez à réaliser, si paradoxal ou impossible que cela semble, ce qui a échoué il y a une minute. C'est tout simplement parce que la force centrifuge intervient. Elle tend à faire échapper le cerceau, à le faire s'éloigner du centre de rotation représenté par le bâton, et elle le fait bel et bien se coller sous celui-ci.

Vous pourriez réussir à peu près aussi facilement en mettant le cerceau horizontalement, au lieu de le placer verticalement; mais pour cela il faudrait avoir le bras long, et il vaut mieux essayer avec un très léger coulant de serviette, ou avec un anneau métallique peu lourd en cuivre, par exemple, ou bien encore avec un anneau de rideau en bois, comme on en employait couramment jadis. L'expérience nécessite une certaine habileté de main, mais on peut géné-

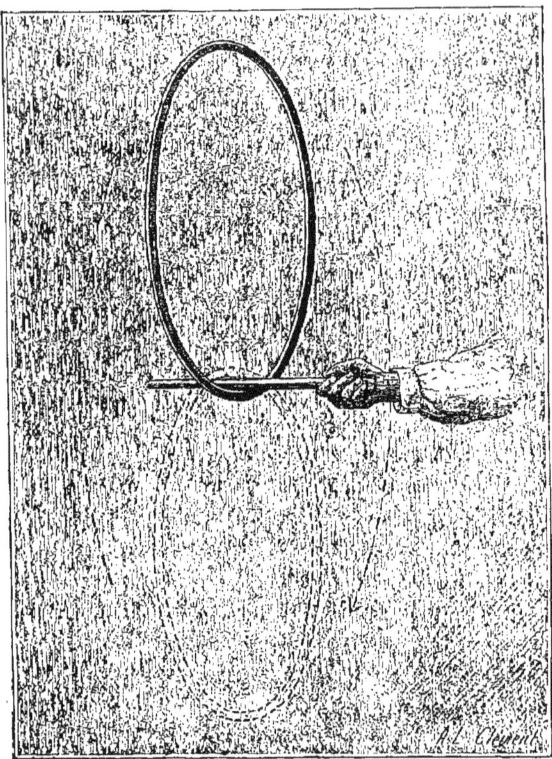

Un cerceau soumis à la force centrifuge.

ralement la réussir après des tâtonnements. On place son index dans l'anneau, puis, au moment précis où on lâche celui-ci, et pour l'empêcher de tomber à terre, on se met à donner au doigt un mouvement de rotation aussi rapide que possible. Au bout d'un court instant, l'anneau tourne bel et bien autour de l'index : dans toutes ses positions, il force contre le doigt tout comme le cerceau forçait tout à l'heure contre le bâton ; et ce frottement est suffisant pour empêcher l'anneau de glisser et de tomber à terre. On arrive à ce résultat, paradoxal tout à fait, qu'un anneau en bois se maintient dans l'air sans tomber à terre.

Vous connaissez assurément ces exercices qui ont fait fureur un peu dans tous les cirques, et qui avaient nom « la boucle » ou encore le « bouclage de la boucle ». Parfois le bouclage de la boucle était opéré par les gens mêmes du public dans certains lieux d'amusement. Le principe était toujours identique, et ce n'était qu'une application de la force centrifuge. Il faut dire du reste que, dès 1846, en présence de M. Thiers, on avait installé au Havre un petit chemin de fer aérien dont le fonctionnement était basé sur l'effet de la force centrifuge. Le chariot descendait d'abord une pente, comme dans les montagnes russes ordinaires, puis il entrait dans un cercle où, tout en continuant de rouler sur des rails, il arrivait à se trouver néanmoins complètement renversé, et finissait de parcourir ce cercle pour remonter ensuite une pente. Pour essayer ce chemin de fer bizarre, on avait placé d'abord des sacs de sable sur les banquettes du wagonnet, et ils n'étaient point tombés quand celui-ci s'était trouvé sens dessus dessous, c'est-à-dire quand ces sacs auraient dû obéir aux lois de la gravité. Les boucles construites à notre époque n'ont été qu'une réédition de ce chemin de fer aérien du Havre, et les voyageurs assis sur les banquettes des wagonnets, et qui arrivaient à se trouver les jambes en l'air et la tête en bas (pendant un court instant, il est vrai), étaient collés pour ainsi dire sur ces banquettes par la force centrifuge. Il en était de même des wagonnets, et ils auraient pris la tangente et auraient été projetés en dehors de la boucle, si la voie où ils roulaient n'eût pas été suffisamment résistante.

Un détail va faire comprendre que c'est bien la force centrifuge qui permet ainsi de rouler la tête en bas, en se trouvant maintenu par cette force, collé, le mot nous semble juste, en dessous de la piste où l'on se déplace. Les « bouclages de boucle » se sont faits parfois au moyen de bicyclettes : un cycliste se lançait à toute vitesse et arrivait à franchir une boucle, soutenu en l'air en dessous de la piste. Or, la force centrifuge exerçait une telle action de « collage », machine et cycliste étaient si bien et si violemment pressés

Façon paradoxale de tenir un anneau.

contre cette surface, qu'on était obligé de faire monter le cycliste sur une machine renforcée, pesant plus de 30 kilogrammes. Autrement le poids du cycliste, c'est-à-dire l'effort exercé sur lui par la force centrifuge et l'effort analogue sur le cycle, seraient arrivés à écraser partiellement la machine sur la piste. On a calculé que cela représentait une charge de plus de 600 kilogrammes !

Des expériences de ce genre ne sont pas à la portée de tout le monde ; mais nous pouvons en indiquer qui sont plus faciles, et tout aussi probantes.

Prenez une boîte de conserves vide, dont le couvercle ait été enlevé, et percez-y latéralement deux trous qui vous permettront de passer deux ficelles, que vous réunirez ensuite

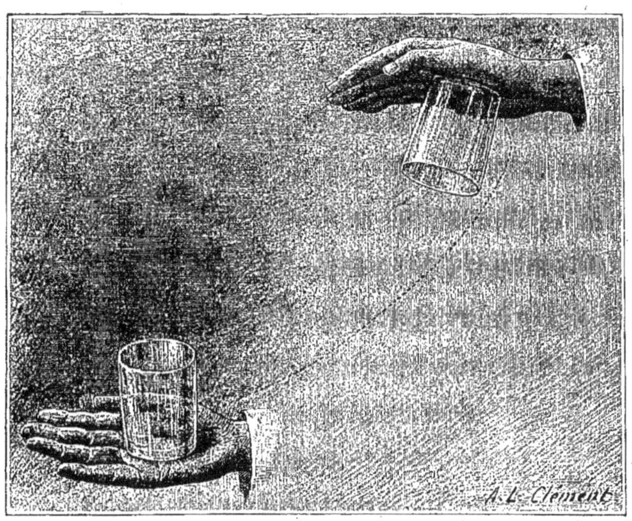

Un verre soutenu par la force centrifuge.

de manière à pouvoir suspendre la boîte en équilibre ; si, par hasard, cet équilibre se réalise mal, si vous n'avez pas percé les deux trous bien en face l'un de l'autre, et suivant le diamètre de l'ouverture de la boîte, percez-en trois, et l'équilibre sera forcément obtenu par la réunion en une seule des trois cordelettes passées dans ces trous. Vous remplissez alors votre boîte presque complètement d'eau ; et, après quelques balancements indispensables pour obtenir la vitesse suffisante, vous faites tourner la boîte à la manière d'une fronde. Non seulement elle va décrire des cercles complets, mais encore l'eau qu'elle contient n'en tombera pas, bien

qu'elle se trouve l'ouverture en bas pendant une bonne partie
de cette rotation. L'eau est maintenue par la force centrifuge.

D'autre part, posez dans le creux de votre main un verre
sans pied, un verre de cuisine bien lourd, ou un gobelet de
cristal massif comme on en emploie maintenant sur bien des
tables. Ou, si vous craignez un accident, prenez plus simplement un caillou, un livre pas trop volumineux. Vous étendez
bien les doigts, et vous ne retenez livre, caillou, verre, que
du petit bout d'un ou deux doigts. Puis vous élevez brusquement la main (nous supposons la main droite, car c'est
plus commode) en tendant bien le bras, et en faisant décrire
à votre main un arc de cercle; vous pourrez de la sorte
amener ce que contient votre main à se trouver exactement
renversé; et cependant ni verre, ni caillou, ni livre ne tom-
beront à terre. Ce mouvement circulaire aura développé une
force centrifuge suffisante pour coller l'objet sous votre main.
Comme du reste vous ne pouvez pas continuer le mouvement
en cercle, vous devrez (pour éviter une chute) ramener vivement la main dans une position normale.

Vous le voyez, l'étude de la force centrifuge est à la portée
de tout le monde; et il fait bon la connaître, car elle nous
joue souvent de mauvais tours que connaît bien un cycliste
qui tourne trop brusquement, et que la force centrifuge,
développée par ce mouvement circulaire, expose à prendre la
tangente, c'est-à-dire à se casser la tête sur un mur ou un
trottoir.

APPARENCES ET RÉALITÉS

Bien que la nature nous ait assez bien doués en nous
donnant cinq sens, et que ces sens, généralement
aiguisés et délicats, nous soient précieux dans toutes les
manifestations de la vie, nous devons nous en défier souvent.
Pour qu'ils nous rendent les services que nous sommes en

droit d'en attendre, il faut que nous fassions leur éducation. C'est seulement par l'expérience que nous apprenons, par exemple, à juger du relief des objets : en fait, notre œil ne nous indique que des nuances diverses, et c'est peu à peu que des méprises successives nous montrent, par l'expérience du toucher, que la différence de nuances que nous appelons une ombre, tient justement à une différence de relief.

De la réalité à l'apparence, il y a souvent loin ; et nous allons mettre sous les yeux du lecteur certaines apparences qui se présentent à lui quand il met en jeu un tout petit appareil (dont la simplicité mérite à peine ce nom) ; et les réalités qu'il peut ensuite constater, quand il regarde de près les éléments immobiles qui lui donnaient ces apparences. On verra quelle distance sépare les unes des autres.

Nous avons fait rassembler, dans une seule figure, les diverses images que l'œil le plus prévenu est convaincu voir effectivement se présenter à lui. L'une est une sorte de damier, à cases alternativement blanches et noires, qui répond à l'aspect habituel des damiers que nous connaissons tous. A côté, est un carré noir sur lequel se détache en blanc une figure formée de deux triangles ombrés sur chacun de leurs petits côtés, et se faisant vis-à-vis par la pointe ; ces deux pointes se trouvent séparées par une sorte de petit losange blanchâtre. Les contours sont d'ailleurs très nets, et on est assuré du premier coup d'œil qu'un dessinateur habile a soigneusement tracé cette figure. Voici ensuite une série de figures complexes, qui ressemblent plus ou moins à des rubans faisant des ondulations ; une de ces figures se distingue particulièrement en ce qu'on y aperçoit des cercles réunis de façon bizarre, au moyen de parties ombrées. Enfin vient toute une planche de dessins curieux, comprenant une sorte de ruban, puis des sphères ombrées en dégradé, des croissants, des sortes de petites voûtes en grisaille. Tout cela est très net, comme nous le disions ; et les parties grisées, comme les portions noires ou blanches, semblent tracées par un dessinateur qui savait ce qu'il faisait.

Or, il existe bien des traits, effectivement tracés, qui

donnent lieu à la formation des images perçues; mais ce sont
des images au sens figuré du mot, créées par nos sens, et en
dehors de la réalité. Dans un second dessin, on verra la
représentation des dessins originels qui donnent lieu à la
formation des dessins beaucoup plus compliqués qui se manifestent dans nos yeux, par l'intervention de ce phénomène de
la persistance des impressions lumineuses, dont j'ai parlé ici
à plusieurs reprises.

Si, par exemple, nous considérons le damier noir et blanc,
nous trouvons le dessin, fort sommaire, qui est responsable
de sa formation. Si bizarre que cela paraisse au premier
abord, ce sont de simples lignes blanches de peu de longueur,
disposées parallèlement les unes aux autres, qui produisent
pour notre œil la sensation de ces carrés blancs, que nous
sommes convaincus de voir réellement. Mais pour que ce
résultat se manifeste, il importe essentiellement que le carton
portant les raies blanches se déplace de gauche à droite et
inversement, pour que chaque raie passe alternativement de
droite à gauche et de gauche à droite, et laisse dans notre œil
l'impression de raies blanches se touchant toutes sur une
certaine surface : ce qui donne précisément cet aspect caractéristique de carrés blancs. Au reste, il est nécessaire, si l'on
veut que se produise cet effet, que le déplacement alternatif
soit extrêmement rapide. Et la main ne pourrait guère réussir
à cet égard.

Il faut donc combiner un petit appareil, et la chose n'est
pas trop malaisée. On peut tout simplement se procurer une
lame de baleine, comme on en emploie pour les corsages de
dames; puis la piquer dans un plateau de bois, un morceau
de planche de bonnes dimensions, où l'on a percé un trou
dans ce but. Il faut que la lame soit verticale, et surtout
qu'elle soit solidement scellée dans la planche, pour ne pas
s'en dégager tout de suite sous l'action des vibrations : c'est
en effet aux vibrations, c'est-à-dire à des oscillations de cette
lame que nous allons recourir pour donner au dessin le
mouvement de gauche à droite, et inversement, qui est
nécessaire. En haut de la baleine, nous faisons pénétrer un

gros bouchon, de manière qu'il ne soit pas traversé de part
en part, et qu'il reste par suite à l'extrémité sans glisser le
long de la lame. Le bouchon a été taillé d'un côté de façon à
présenter une surface plane, sur laquelle on peut coller par
son envers le dessin formé des raies blanches sur fond noir.
On peut voir le dispositif dans une des gravures ci-jointes, et
se rendre très bien compte de sa disposition. Quant à son
fonctionnement, on le pressent tout de suite; si l'on penche
la baleine d'un côté ou de l'autre; elle va tendre à reprendre
sa position verticale; mais elle la dépassera de beaucoup, pour
revenir en arrière; autrement dit elle se mettra à vibrer, en
se déplaçant alternativement comme il le faut pour que le
dessin passe rapidement devant nos yeux en diverses positions,
et nous laisse des impressions successives causées par les
lignes blanches, composant finalement, de façon purement
imaginative, ces carrés blancs qui nous font croire à l'existence d'un damier.

Notre petit appareil fonctionne bien, mais il a un double
défaut. D'abord les vibrations ne se prolongent pas longtemps, et le résultat ne dure guère; il perd de son effet. En
outre, ces vibrations peuvent desceller assez rapidement la
baleine du plateau, ou le carton du bouchon; et, de plus,
le fait même que ce carton est collé au bouchon, ne permet
pas de changer le dessin que l'on veut faire osciller pour
causer cette persistance des impressions, qui est justement
susceptible de nous faire voir les dessins si simples de notre
deuxième figure, sous l'aspect compliqué de la première.

On fera donc mieux de se construire ou de se faire fabriquer par quelque serrurier ou plombier, un petit appareil
d'un autre genre. Ici, la lame vibrante sera faite d'une barre
de laiton aplatie, suffisamment longue pour que, repliée en
forme d'U, elle présente deux branches symétriques assez
hautes pour donner des vibrations de grande amplitude : le
dessin que nous avons fait faire donne une idée des proportions à respecter par rapport aux dimensions des cartons que
l'on veut fixer au petit appareil. Cette sorte d'U métallique,
aux longues branches, est monté sur un plateau de bois : et

cela, grâce à une petite barre de bois également, que l'on pose à cheval dans le creux de l'U, et qu'on visse ensuite en place. On voit que, de la sorte, chacune des branches métalliques se trouve verticale, et qu'on peut les mettre aisément en vibration l'une ou l'autre.

Il faut maintenant être à même de placer un des dessins en

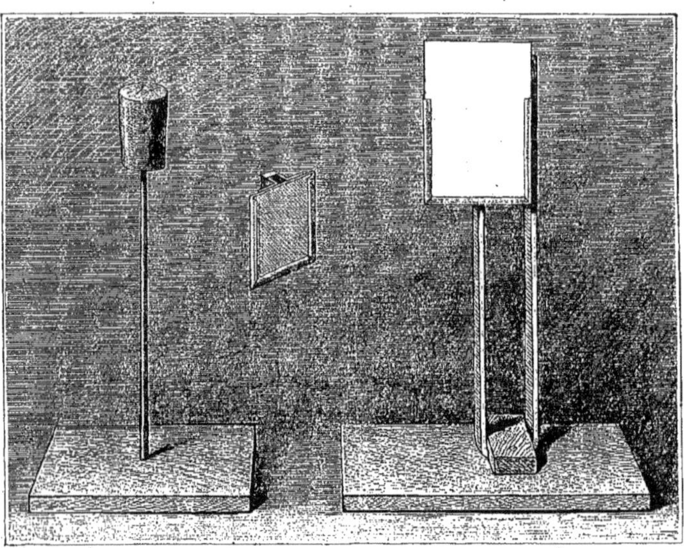

Appareils à vibrations.

haut de l'une des branches, de manière qu'il y demeure durant les oscillations et qu'on puisse ensuite lui en substituer un autre. On peut coller derrière chaque dessin une sorte de patte en papier ou en carton, de façon à y faire pénétrer la partie supérieure de la lame métallique; et, comme il importe que le dessin ne glisse pas vers le bas de cette lame, il est indispensable de coller un bout de papier supplémentaire en haut de la patte, et se rabattant au dos du dessin pour fermer l'ouverture supérieure du petit logement constitué par cette patte. On peut aussi procéder de façon un peu plus compliquée, mais plus élégante, et donnant toute solidité au dispositif. On fait, soit en fer-blanc, soit tout uniment en carton, un petit cadre comme l'a figuré le dessinateur : ce cadre a ses bords repliés, si bien qu'on y peut glisser l'un quelconque des dessins, que l'on suppose tracés sur des cartons de même grandeur. Au dos du cadre, est collée une lame de carton ou de métal analogue à celle que nous avions conseillé tout à l'heure de coller derrière chaque carton : cette lame est pliée comme le montre la figure, un peu comme un U dont les branches seraient très rapprochées, et dont les petites barres supérieures s'élargiraient pour former deux sortes de petits pieds. C'est par ces portions élargies que l'on colle l'U, ou qu'on le soude (s'il est fait de métal), derrière le dos du cadre. On peut apercevoir également, en arrière de cette patte et à sa partie supérieure, un petit morceau de métal qui vient empêcher la lame de laiton de glisser complètement à travers l'espèce de collier aplati formé par l'U, et le dessin de descendre au pied de cette lame. Dans tous les cas, le dessin placé dans le cadre ou enfilé au bout de la tige de laiton, doit se présenter aux yeux dans la position qu'indique la gravure, perpendiculairement à la tranche de la lame de laiton. De cette manière, les oscillations ou vibrations de cette dernière donnent au dessin que contient le cadre les déplacements voulus.

Et maintenant que le petit appareil est fabriqué, nous pouvons effectuer les expériences bien simples, qui vont nous faire prendre sur le vif la transformation de dessins des plus élémentaires en dessins compliqués, imaginés par notre œil, et aussi peu réels que possible. Si nous glissons dans le cadre, le carton qui porte en blanc sur noir les deux triangles se touchant par la pointe, nous voyons apparaître, dès que les vibrations et déplacements sont suffisamment rapides, la figure beaucoup plus compliquée qui y correspond pourtant. Le dégradé blanc, le long des deux petits côtés de chacun de ces triangles, résulte précisément de ce que la surface blanche de ces triangles s'est déplacée devant nos yeux, en occupant la place même où le noir venait, auparavant ou ensuite, les

impressionner : le blanc, plus lumineux, a donné la note
dominante, mais le noir n'a pas perdu toute influence ; et le
résultat de son action, en combinaison avec celle du blanc, a
été de donner une nuance plus ou moins grise. Le petit
losange plus blanc, plus accentué du milieu, résulte de ce

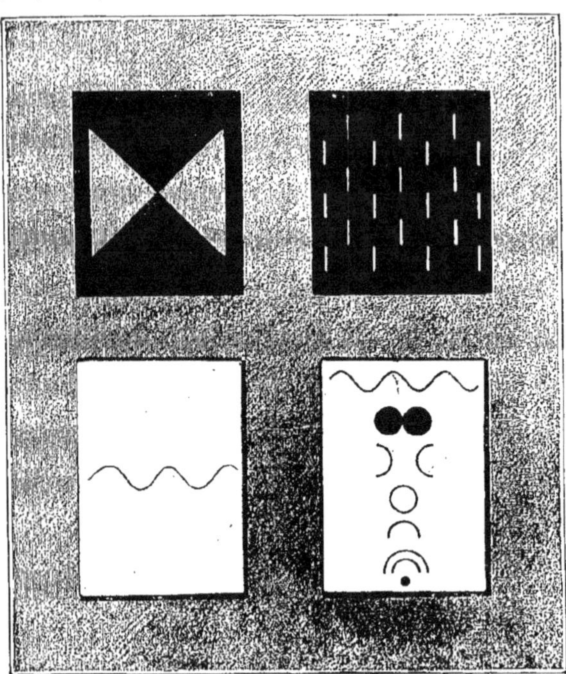

Les figures à faire déplacer.

que les pointes blanches des triangles se sont présentées
alternativement devant notre regard et au centre du losange ;
c'était constamment du blanc qui agissait sur notre œil ; les
pointes supérieure et inférieure du losange sont un peu
grisées, parce que là, à chaque déplacement du dessin, se
présentait une surface noire en pointe, qui venait atténuer le
blanc donné par la vision des pointes blanches. Vous devez
pouvoir vous expliquer tous les dégradés des divers dessins

que vous mettrez dans notre petit appareil, en raisonnant le déplacement des surfaces lumineuses ou sombres. Du reste, les effets varient suivant la rapidité des oscillations, parce que l'œil a plus ou moins le temps de perdre l'impression d'abord reçue, pour en subir une autre.

Les apparences données par les déplacements des figures.

Mettez successivement dans le petit appareil les diverses figures simples, faites-les vibrer, et vous verrez apparaître les dessins compliqués, ainsi que je vous l'ai annoncé. C'est, par exemple, le déplacement répété et très rapide de cette ligne ondulée, qui va donner cette espèce de ruban ombré, ou ce ruban uniformément gris; ou encore ces sphères reliées par des parties ombrées que représente une des gravures, et qui seraient en fait compliquées à dessiner, si on voulait tracer effectivement tout le dessin qui apparaît à nos yeux. Je ne peux pas entrer dans l'explication détaillée de toutes ces transformations, dues à la persistance de l'impression causée par les déplacements de cette ligne ondulée. Mais, pour ne prendre que l'exemple le plus simple, vous comprenez bien du moins comment les déplacements à droite, puis à gauche, des ondulations de cette ligne brisée peuvent donner une espèce de ruban ondulé : chaque partie grisée est faite de l'impression laissée par la ligne dans ses diverses positions successives. Comme de juste, si cette seule et unique ligne ondulée fournit des effets essentiellement variés, cela tient à ce que chaque effet ne se produit qu'à une vitesse déterminée d'oscillations et déplacements.

Tracez sur un carton de bonnes dimensions, carton d'un blanc intense, les diverses lignes courbes que donne la figure la plus compliquée que nous mettions sous vos yeux, et qui, en fait, ne se compose que de quelques demi-cercles ou de circonférences. Et vous verrez apparaître les dégradés curieux que nous avons fait représenter. Vous avez la possibilité de varier à l'infini les expériences; et si prévenu que vous soyez, vous éprouverez toujours de nouvelles surprises, en présence des résultats inattendus qui se produiront sous vos yeux.

LES SOUVENIRS DE NOTRE ŒIL

Si nous entendions « souvenirs » au sens ordinaire du mot, notre titre serait une naïveté : on sait bien que c'est par l'intermédiaire de l'œil que nous nous rappelons souvent les choses, en nous représentant au bout d'un certain temps l'apparence même sous laquelle elles se sont offertes à nous. Mais il se produit également pour nos yeux un souvenir, plus matériel, qui subsiste quelque temps dans cet organe, et qui n'est pas sans nous gêner ou tout au moins sans nous tromper : c'est la persistance des impressions lumineuses.

Nous en avons déjà parlé ici; comme, toutefois, le phénomène se reproduit dans des circonstances essentiellement
variées et multiples; que sa constatation peut se faire à chaque
instant dans l'existence; que du reste ceux avec qui nous en
causerons aujourd'hui ne sont pas forcément ceux qui nous ont
lu déjà; comme enfin et surtout, les diverses formes sous lesquelles se manifeste cette persistance des impressions lumineuses peuvent aider à pénétrer un peu l'admirable mécanisme
de la vision; nous signalerons, une fois de plus, quelques
observations où l'on retrouve ce phénomène curieux.

Les unes peuvent se faire dans la vie quotidienne, sans le
moindre appareil; les autres ne nécessitent que de petits dispositifs qu'il est facile de se procurer ou de se construire soi-
même. Si vous avez occasion de voyager en chemin de fer
(ce qui est maintenant à la portée de tout le monde), vous
pouvez observer le fait suivant curieux. Vous vous trouvez
dans un convoi et vous en croisez un autre qui marche à une
allure assez rapide : au moment où il passe, vous regardiez le
paysage précisément de son côté, et il était naturel de penser
que la série des véhicules qui allaient se succéder entre ce
paysage et votre œil, vous masquerait la vue durant tout le
passage du convoi. Quel n'est pas votre étonnement! ce paysage vous ne l'apercevrez pas uniquement quand les fenêtres
qui se font vis-à-vis dans les divers compartiments, passent
successivement en face de la vitre derrière laquelle vous vous
trouvez. Ces visions successives forment pour votre œil un
tableau continu. Il a absolument la sensation (tout illusoire
naturellement) de voir le paysage au travers du train, qui
devient comme transparent; c'est à peine si le spectacle est
estompé d'une légère coloration noire provenant de la couleur
des parois des véhicules, que votre œil est bien obligé
d'apercevoir aussi dans le défilé du convoi.

La cause de cette illusion est, on le comprend, la persistance de l'impression lumineuse : cette durée de la sensation
visuelle est d'au moins un vingtième de seconde, elle atteint
souvent un cinquième de seconde; et si une deuxième série de
fenêtres s'offre à l'œil tout au plus un cinquième de seconde

après que les fenêtres précédentes lui avaient permis de recevoir une première impression, il n'y a pas cessation de la sensation visuelle. La persistance de la première impression jusqu'au moment où une nouvelle impression peut se produire sur notre rétine, nous donne véritablement la sensation d'une continuité dans la vison. Et c'est ainsi que nous avons cette illusion d'un train transparent passant entre nous et le paysage, sans nous masquer celui-ci. Mais les parois de wagons qui viennent aussi frapper notre œil, c'est-à-dire l'impressionner, devraient également laisser une impression durable et persistante; et l'on se demande pourquoi nous voyons le paysage plutôt que d'avoir la sensation continue de la paroi noire des voitures. Cela s'explique encore par les particularités curieuses de l'organe de la vision. Il se peut que les fenêtres (ainsi que c'est le cas ordinaire dans les voitures modernes de chemin de fer) occupent beaucoup plus de place dans la paroi du véhicule que les parties pleines et noires; alors il est naturel que l'œil se laisse impressionner surtout par la note dominante, autrement dit par les aspects du paysage paraissant dans l'encadrement des fenêtres, plutôt que par les surfaces noires. Mais à supposer même que les fenêtres soient petites, peu nombreuses, et représentent une surface beaucoup plus faible que les parois pleines et sombres, par suite de leur luminosité, elles frapperont et influenceront beaucoup plus l'œil que ces parois; et, finalement, le souvenir prédominant que conservera notre organe de la vision, ce sera le paysage bien éclairé qui apparaît à intervalle pourtant par les fenêtres. Tout au plus semblera-t-il estompé par une teinte noirâtre, mais peu épaisse, résultant de la faible impression causée par les peintures des voitures.

D'une manière générale, si vous vous livrez à des observations bien simples autour de vous, vous constaterez que ce sont surtout les objets très lumineux qui laissent dans vos yeux ce souvenir spécial que les physiciens appellent la persistance de l'impression lumineuse. C'est sur ce principe de physique et de physiologie qu'est basé le fonctionnement des phares modernes les plus puissants : tournant avec une très grande rapidité, ils lancent en réalité sur l'horizon de grands bras lumineux, des éclats successifs ; et cependant les capitaines de navires qui les observent ont la sensation d'une lumière continue s'offrant à leurs yeux. L'impression donnée par un premier éclat n'est pas disparue qu'un deuxième éclat vient assurer la continuité voulue.

Dans un domaine moins relevé et moins scientifique, vous pouvez vous fabriquer un jouet, qui ne sera pas très varié peut-être dans ses effets, mais qui vous laissera une impression bien nette, et lumineuse, si vous me permettez un jeu de mots, de cette loi physique dont nous nous préoccupons ici. Je dois vous avouer d'ailleurs que ce n'est pas moi qui ai inventé ce petit appareil : il a amusé des enfants et à coup sûr servi à des observations physiques dès le xviii° siècle. Prenez un morceau de carton carré et résistant, ou encore un carré découpé dans une feuille de zinc, qui offrira naturellement plus de résistance et ne risquera pas de se déchirer sous la traction. Vous le peindrez en blanc, et, à sa surface, vous peindrez en noir, par exemple, une petite cage d'oiseau. Sur l'autre face du carré, vous peignez un oiseau qui soit de dimensions proportionnées. A deux des côtés opposés du carré, vous attachez deux petites cordelettes, que vous faites passer pour cela dans des trous ; vous réunissez ensuite les deux cordelettes en une seule, de manière à obtenir de chaque côté ce qu'on appelle une patte d'oie, comme pour l'attache d'un cerf-volant. Le dessin que nous donnons fait comprendre cette disposition. Vous allez posséder de la sorte un petit appareil que vous aurez la possibilité de faire tourner rapidement sur lui-même, à l'instar de ces marrons qu'on enfile sur une ficelle passant dans un trou qui traverse le marron. Et, si effectivement vous commencez par tordre la cordelette légèrement sur elle-même, puis que vous la tiriez de chaque bout, en la maintenant entre vos doigts, le carré de métal va tourner vivement, en vous montrant alternativement, et dans une succession très rapide, chacune de ses faces.

Vous apercevrez ainsi l'image de la cage quand vous aurez encore dans l'œil celle de l'oiseau, puis inversement : si bien

que les deux images se superposeront, et que finalement vous
verrez bel et bien l'oiseau dans la cage. Pure illusion d'optique
due à la persistance des impressions lumineuses.

Il y a bien des appareils plus savamment combinés où l'on
fait appel à ce même phénomène : depuis le modeste zootrope

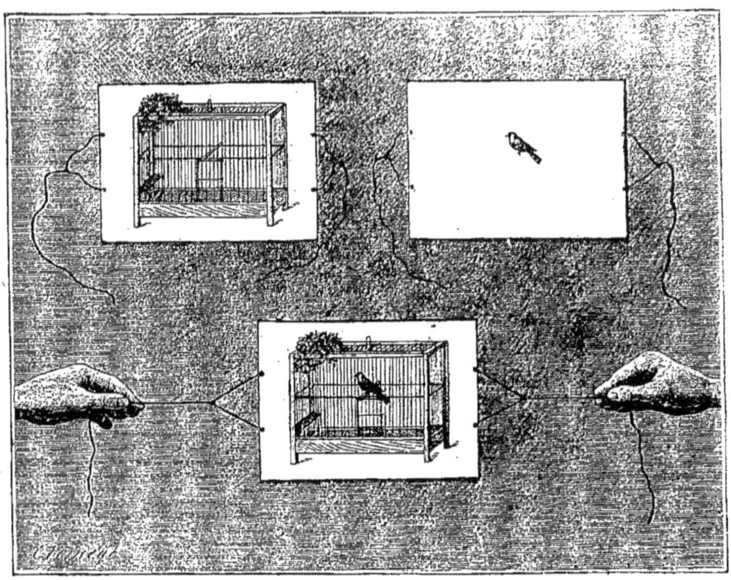

Comment faire apparaître l'oiseau dans sa cage.

qui nous a tous amusés quand nous étions enfants, jusqu'au
cinématographe et au kinétoscope d'Édison. Ici, on fait apparaître à nos yeux, en succession rapide, des photographies
représentant les positions, successives elle aussi, d'un homme
qui marche, par exemple : et comme l'œil garde un certain
temps le souvenir, l'impression de la photographie qu'on
vient de lui montrer, il ne s'aperçoit pas quand cette première
photographie disparaît pour céder la place à une autre; il ne
constate réellement pas l'intervalle qui sépare les deux images
et pendant lequel il ne voit rien du tout.

Mais sans recourir au cinématographe, qui n'est pas à la

portée de tout le monde, ni même au zootrope, vous pouvez vous fabriquer de la manière la plus simple, et pourtant avec plein succès, des petits dispositifs avec lesquels vous vous livrerez à des observations intéressantes, et surtout bien caractéristiques, sur cette fameuse loi de la persistance des impressions lumineuses. Procurez-vous un fil de fer suffisamment mince pour se laisser courber aisément, et cependant assez résistant pour bien conserver la forme qu'on lui donnera: puis vous le plierez et le replierez sur lui-même comme l'indique une des figures qui accompagnent ces lignes. Les deux parties droites qui se trouvent en haut et en bas en *b a*, et en *c d*, ne serviront qu'à faire tourner sur elle-même la portion contournée. Quant aux méandres tracés par le fil de fer entre *a* et *c*, ils ne sont pas faits au hasard, mais bien suivant le profil d'une sorte de coupe à pied. Si vous dessiniez, symétriquement à cette ligne contournée *a c*, une autre ligne se raccordant à elle et tout à fait semblable, vous verriez que vous arriveriez précisément à vous trouver en face d'un dessin au trait représentant, au moins grossièrement, une de ces coupes en marbre qu'on trouve chez bien des marchands et aussi sur bien des cheminées.

Or, prenez entre les doigts de chacune de vos mains les extrémités rectilignes *b a* et *c d* du fil de fer, et faites tourner rapidement, dans un sens ou dans l'autre : votre œil verra simultanément, peut-on dire, le fil de fer dans ses diverses positions, et tout particulièrement dans les deux positions extrêmes; et vous aurez la même impression que tout à l'heure en face du dessin que vous aviez complété par une moitié symétrique, vous apercevrez les contours d'une coupe. Si c'est avec un fil métallique très brillant que vous avez préparé cette sorte de demi-profil, ou de gabarit, comme on dit dans certains métiers, qu'il soit éclairé très vivement, l'effet sera plus intense sur votre œil, l'impression plus vive; et vous verrez le fil métallique dans toutes ses positions avec suffisamment d'intensité pour avoir l'impression d'une sorte de coupe purement immatérielle, dessinée dans l'air par les déplacements successifs du gabarit brillant. On a pu donner cette expérience

sous une forme saisissante (mais qui n'est plus à la portée de
tout le monde). Le gabarit est fait d'un petit tube de verre
que l'on courbe au chalumeau suivant la forme convenable;
c'est, en réalité, ce que les laboratoires de physique renferment sous le nom de tube de Geisler. Et, tout en le faisant

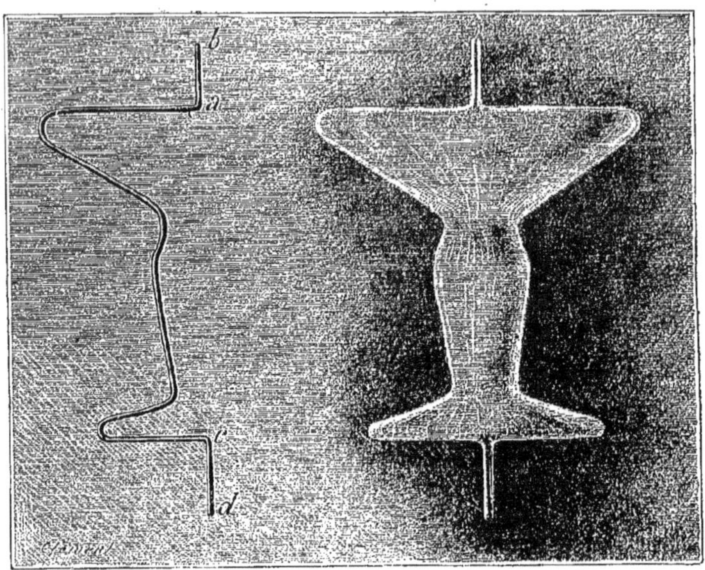

Un appareil de démonstration et l'effet produit.

tourner rapidement, on a la possibilité d'y amener par des
fils conducteurs du courant électrique, ce qui rend ce tube
lumineux. C'est alors qu'on voit bien se dessiner suivant un
contour lumineux d'un éclat intense l'objet dont les cour-
bures du tube représentent la moitié du profil.

Vous pourrez varier à l'infini les contours que vous trace-
rez ainsi à l'aide d'un fil métallique courbé. Mais, au moyen
d'un vulgaire toton, d'une de ces toupies plates qu'on lance
en en faisant tourner vivement la tige centrale entre ses doigts,
il vous sera facile de vous livrer à d'autres expériences.

Nous prenons un toton en bois blanc, et l'on va voir pourquoi. Puis, nous traçons à la surface de son plateau horizontal, avec un crayon de mine de plomb bien noir, un très gros trait oblique, comme celui que montre une des gravures sur le toton immobile, au repos. Si nous plaçons celui-ci debout, et que nous le fassions tourner très lentement entre le pouce et l'index de la main droite, nous voyons et suivons parfaitement le trait de crayon dans son déplacement. Mais lançons vivement le toton en l'abandonnant à lui-même : il va tourner à une allure très rapide, et, en nous penchant au-dessus de lui, nous serons tout étonné de ne plus voir qu'un plateau de bois absolument blanc. Plus aucun trait noir n'apparaîtra.

Et cependant ce trait est bien resté là où nous l'avions tracé, comme nous pouvons nous en convaincre quand le toton commence de tourner beaucoup moins vite (avant de tomber) et que le trait noir reparaît peu à peu. C'est que tout simplement, par suite de la persistance des impressions lumineuses, quand le plateau du toton était animé d'un mouvement de rotation très acéléré, le blanc de ce plateau dominait considérablement par suite de la faible surface représentée par le trait noir. Ce trait apparaissait bien à notre vue pendant un court instant, mais notre œil gardait le souvenir intense de toute la surface blanche qu'il venait de voir passer devant lui, et cette surface blanche recommençait de l'impressionner avant que l'impression du noir pût se substituer à celle de la surface blanche. Vous pouvez varier les conditions de l'expérience, élargir le trait noir, en tracer d'autres, et constater que, suivant la vitesse et suivant la proportion du noir au blanc, la teinte blanche du plateau pourra varier jusqu'à vous donner une même impression presque noire, ou plus ou moins grise.

Avec ce toton, vous avez encore le moyen de faire des observations curieuses, toujours dans le même domaine. Passez une faveur d'une couleur très éclatante autour du pied du toton, puis faites remonter ses deux bouts pour les attacher au sommet du pivot, comme l'indique ici un des dessins; et faites tourner rapidement la petite toupie. Quelle

que soit l'intensité de nuance du ruban, tout disparaîtra dès
que la vitesse sera suffisamment grande, et si vous regardez
verticalement le plateau du toton : toujours par suite de
la note dominante de l'impression blanche, qui persiste au
moment où devrait se faire sentir la couleur du ruban. Si, au

Le toton à expériences.

contraire, vous regardez obliquement le toton, vous apercevrez constamment les petits rubans obliques, comme si l'on
en avait tendu une multitude du sommet du pivot au pourtour du plateau : et cela parce que l'impression des rubans se
renouvellera continuellement dans l'œil, sans qu'une nuance
prédominante comme celle du blanc du plateau puisse venir
impressionner l'organe de la vision aux dépens d'une nuance
moins lumineuse.

LES CONTRADICTIONS
ET LES AMUSEMENTS DE LA CHIMIE

Les moindres expériences chimiques, comme les plus simples observations physiques dans le domaine de la vie quotidienne, peuvent nous révéler quelques-uns des grands phénomènes qui sont à la base de ces sciences. En matière chimique tout particulièrement, sans se livrer à des manipulations de laboratoire, mais en recourant à quelques produits habilement choisis, on arrivera à faire des combinaisons variées, donnant finalement des corps, des substances qui se distinguent nettement des produits primitivement employés.

D'ordinaire, pour constater cette combinaison, cette formation d'une substance nouvelle, il faut se livrer à des analyses, à des expérimentations plus ou moins savantes. Le sulfure de cuivre, par exemple, obtenu par l'action du soufre sur le cuivre, présente des propriétés qui diffèrent nettement de celles du soufre ou de celles du cuivre; mais nous pouvons nous livrer à des expériences où nous verrons l'action de deux corps, le phénomène chimique se produire sous nos yeux, se manifester de la façon la plus nette, sans que nous ayons à nous livrer à aucune analyse savante. C'est ce qui arrive quand nous faisons réagir (comme disent les chimistes) l'une sur l'autre deux substances dont l'action réciproque va se traduire par une modification de la coloration ou des colorations qu'elles présentent d'abord. Là, tout est au mieux pour nous avertir de la modification essentielle qui s'accomplit. Et, n'aurait-on pas des préoccupations savantes, que déjà il serait bien curieux de suivre les changements de couleur, tantôt instantanés, tantôt graduels, qui se font sous vos yeux : simplement parce que vous avez mis en présence, en contact, deux substances dont l'une est susceptible d'influencer chimiquement l'autre. Ce sont de véritables récréations scientifiques, dont il est facile (ce qui ne nuit à rien) de tirer en se jouant un enseignement scientifique.

Installons une petite fabrique d'acide sulfureux : vous ferez
bien de vous mettre pour cela dehors; car les vapeurs
piquantes, désagréables et à odeur vive de cet acide provoquent
la toux, et toute la famille partirait en guerre contre vous, si
vous établissiez votre fabrique à l'intérieur de la maison. De
plus, il va falloir faire brûler du soufre, et le meilleur moyen
d'éviter les chances d'incendie, c'est encore de se mettre en
plein air. Seulement, il est essentiel que l'acide sulfureux que
vous allez produire ne s'échappe pas dans l'air, sans agir
chimiquement sur les substances que vous voulez soumettre
à l'expérience, et qui vont vous permettre de constater précisément la modification de couleur cherchée. Vous avez peut-
être appris que le soufre enflammé à l'air brûle en dégageant
des vapeurs d'acide sulfureux : et c'est sur ce principe que
va fonctionner notre usine.

Nous prenons une soucoupe de faïence ou de terre, un peu
profonde, pour que le soufre, en fondant, ne coule pas au
dehors; nous y mettons quelques morceaux de soufre, chose
simple à se procurer. Et, avant d'allumer en plaçant quelques braises incandescentes, sur ce soufre, nous coiffons le
tout d'une sorte d'entonnoir renversé, présentant en haut une
ouverture assez large. Nous pourrions faire cet entonnoir,
cette sorte de hotte, pour employer un terme plus savant, en
carton fort; mais gare alors aux inflammations imprévues.
Nous pourrons aussi la faire tailler par le ferblantier dans une
feuille de métal. En tout cas, il est essentiel, comme le
montre une des gravures, que de larges trous soient ménagés
dans le bas de l'entonnoir renversé : c'est pour laisser arriver
l'air, ou plus exactement l'oxygène de l'air, qui est indispensable pour entretenir la combustion du soufre, et assurer
la production de l'acide sulfureux. Quand nous aurons allumé
le soufre comme nous l'avons dit, et replacé l'entonnoir (où
nous avons fait dessiner un arrachement laissant bien voir la
disposition intérieure), il se dégagera par l'ouverture d'en haut
du gaz acide sulfureux. Il ne sera pas pur, il contiendra de
l'azote et de l'oxygène; mais cela nous est indifférent pour
l'expérience tout élémentaire que nous préparons.

12

Les livres de chimie disent que cet acide est un réducteur, qu'il s'empare, tel un voleur, de l'oxygène des substances en contact desquelles il vient; et souvent il fera disparaître la coloration d'un objet, parce qu'il enlèvera l'oxygène qui était dans le colorant, et qui était indispensable à son existence propre, à sa nuance par conséquent; il y aura décomposition chimique. Parfois aussi, grâce à l'acide sulfureux sortant de notre modeste usine, il va y avoir, dans l'objet coloré que nous soumettrons à l'expérience, une de ces combinaisons chimiques dont nous parlions tout à l'heure : l'acide se combinera avec la matière colorante, et ce phénomène chimique se manifestera à nos yeux par un changement de couleur. Si vous pouvez vous procurer des roses roses, introduisez-les à l'orifice supérieur de l'entonnoir, au milieu des vapeurs sulfureuses par suite, avant qu'elles soient diluées dans l'air et perdent leur activité : la rose rose deviendra blanche. Des violettes seront décolorées de même; trempez du papier buvard dans du vin rouge, exposez-le à ces mêmes vapeurs, et vous verrez la tache rouge disparaître (ce qui vous permet d'enlever des taches de vin sur le linge de table).

Si vous reprenez la rose devenue blanche, et que vous la trempiez dans de l'acide sulfurique étendu d'eau (un bain corrosif que vous ferez préparer par le marchand de produits chimiques, pour éviter les projections du liquide qui risquent de se produire quand on ne sait pas s'y prendre), vous verrez la nuance rose reparaître : encore une constatation visuelle qui vous annonce qu'un autre phénomène vient de se produire. Le fait est que la combinaison d'acide sulfureux et de matière colorante, qui avait donné du blanc, est détruite; l'acide sulfurique ayant eu cette action particulière d'expulser l'acide sulfureux. La coloration rose à été reconstituée, la matière colorante remise dans son état primitif.

On peut multiplier ces expériences de modifications des colorations, au grand étonnement de ceux qui n'ont pas touché quelque peu ce domaine de la chimie, pourtant tout élémentaire. Un liquide à tout faire, — si l'on nous permet le mot, — se préparera à l'aide d'un verre à liqueur presque plein d'éther ordinaire, dans lequel on jettera quelque trente gouttes d'ammoniaque : deux produits qui relèvent de la pharmacie, mais aussi de la chimie. Et on pourra y laisser tremper successivement les fleurs colorées les plus diverses :

Un laboratoire de décoloration.

pour chacune d'elles on aura une surprise nouvelle, en ce sens que les modifications de coloration seront multiples, à raison des principes colorants différents que renferment ces fleurs, et des réactions que l'éther et surtout l'ammoniaque formeront avec leurs substances colorantes. Nous disons « surtout l'ammoniaque », car on peut obtenir les modifications les plus curieuses dans les nuances naturelles de beau-

coup de fleurs, en les maintenant longtemps sous l'influence
des vapeurs qui s'échappent d'une assiette qu'on aura remplie
d'ammoniaque.

Ces modifications, décolorations, recolorations, sont tellement rapides et tellement surprenantes, que l'on s'en sert

Deux liquides différents produits par une solution d'acide tannique.

souvent en prestidigitation ; et ceux de nos lecteurs qui se
livrent à cet art tireront peut-être parti, sous cette forme peu
scientifique, des indications que nous leur donnons. Naturellement, il faut alors des combinaisons et des transformations
de couleurs qui se fassent sous l'influence d'un liquide aisé à
se procurer, de vapeurs faciles à engendrer, comme celles de
l'ammoniaque. Vous jetez, dans un vase de verre ou de cristal
bien transparent et rempli d'eau pure, une pincée de sulfate
de fer en poudre. Durant un instant au moins, l'eau va

demeurer pure; au bout de quelque temps elle prendrait une
teinte jaunâtre, ce qui n'a rien de surprenant, bien au contraire.
Mais vous avez préparé un verre où vous avez mis gros
comme un pois d'acide pyrogallique : et si vous jetez dans ce
verre l'eau, en apparence pure, contenant du sulfate de fer en

Le matériel d'une expérience avec du sulfate de fer, de l'acide pyrogallique
et de l'acide sulfurique.

dissolution, immédiatement il se produira une coloration non
pas seulement jaunâtre, mais d'un brun foncé rappelant la
couleur de certaines bières. Dans un autre verre, vous avez
versé, avec les précautions qui s'imposent pour cette substance, une petite cuillerée environ d'acide sulfurique ; et si
vous mêlez à cet acide une certaine quantité du liquide préparé
d'abord, et qui semble si bien de l'eau pure, vous ne voyez
aucun changement apparent se produire; cela n'empêche que
vous avez ajouté à votre préparation au sulfate de fer un
ingrédient chimique de grande puissance, qui va montrer ses

vertus, en accusant une nouvelle combinaison chimique par une décoloration curieuse. Vous versez, en effet, dans la moitié de ce verre d'acide sulfurique, additionné d'eau au sulfate de fer, la moitié du liquide couleur de bière que nous avions obtenu au moyen de notre eau première. Et, voici tout à coup que la coloration brune disparaît, et que nous nous retrouvons en présence d'un liquide qui rappelle à s'y méprendre de l'eau pure. Vous pourriez multiplier les tentatives, pour constater ce qu'elles donneraient.

En employant d'autres substances, vous obtiendrez d'autres combinaisons chimiques, et varierez à l'infini vos expériences. Faites, par exemple, dissoudre une cuillerée d'acide tannique dans un bocal plein d'eau pure ; demandez d'autre part au pharmacien, ou au fabricant de produits chimiques, quelques gouttes de teinture de fer muriatée (vous voyez que nous sommes dans la chimie savante), que vous mettrez dans le fond d'un verre. En versant par-dessus l'eau, à l'apparence si pure, du bocal, vous aurez tout à coup, et comme tout à l'heure, formation d'un liquide rappelant beaucoup une bière très foncée, du jus de réglisse. Vous avez versé de l'eau du bocal dans un autre verre qui contenait au fond une petite cuillerée de solution de sel d'oseille, d'acide oxalique si vous voulez le nom exact ; et la combinaison n'a pas troublé l'apparence limpide de l'eau. Mais si vous mélangez la moitié du verre de jus de réglisse avec la moitié de ce verre de liquide transparent et limpide, la limpidité va être donnée brusquement à tout le mélange.

Cela semble être de véritables contradictions, puisque le même liquide jeté dans des verres successifs donne des résultats absolument opposés. Mais il n'y a point contradiction réelle dans les faits ; car les modifications dans les résultats sont dues à ce qu'on fait appel à des combinaisons différentes, à l'action parfois d'une même substance principale, sur des matières qui, elles, sont diverses.

Pour bien accuser ces contradictions apparentes, on peut, comme le recommandait récemment un professeur du Costa-Rica, M. Michaud, disposer toute une série de verres qui ne paraissent pas contenir grand'chose de bien mystérieux, où l'on versera un seul et même liquide, et dans lesquels vont se produire des phénomènes absolument opposés.

Le liquide actif et unique que l'on emploie pour obtenir ces résultats variés, en le versant dans les verres successifs, c'est de l'acide chlorhydrique : cet acide est un corrosif, et il brûle la peau. Mais il ne faut pas s'exagérer ses propriétés corrosives, et on peut le manipuler sans danger en prenant quelques précautions qui vont de soi; c'est, en effet, ce que l'on nomme communément l'esprit de sel, et on l'emploie pour une foule d'usages domestiques. On fait néanmoins bien de ne pas approcher son visage d'un récipient contenant de cet acide, parce qu'il en sort des vapeurs piquantes.

Or, voici un verre que nous avons rempli à moitié d'une dissolution de 50 grammes d'hydrate de sodium dans un dixième de litre d'eau; voici, d'autre part, un verre dans lequel nous avons jeté de ces petits cristaux de sulfate de soude que vendent les pharmaciens pour l'usage interne. Si nous remplissons le premier verre avec de l'acide chlorhydrique, en versant lentement, en brassant au moyen d'un petit morceau de bois, au bout d'un instant, le liquide se met à bouillir; on ne peut prendre le verre en main, tellement il est chaud. Nous nous livrons d'ailleurs ainsi à une vraie fabrication de sel marin : celui-ci est du chlorure de sodium, et il résulte de l'action du chlore contenu dans l'acide chlorhydrique sur le sodium naturellement contenu dans de l'hydrate de sodium. N'est-ce pas une savante réaction chimique qui vous est révélée? Mais ce qui vous intéressera le plus, c'est ce qui se passe dans le second verre, quand nous y versons de l'acide chlorhydrique de manière à noyer les petits cristaux de sulfate de soude. Immédiatement, un abaissement de température énorme se produit : nous sommes, cette fois, en présence d'une usine frigorifique, et la température baissera d'autant plus que nous remuerons bien le mélange.

Si je ne vous avais donné déjà des exemples sur les décolorations, modifications de colorations, etc., je vous conseillerais de préparer un beau liquide bleu en faisant dissoudre un décigramme de sulfate de cuivre dans un verre rempli aux trois quarts d'eau; quand tout est bien dissous, vous ajoutez peu à peu au liquide de l'ammoniaque, jusqu'à obtenir une belle nuance bleue. Mais si vous reprenez votre acide chlorhydrique, et que vous en versiez dans cette préparation, vous verrez la teinte bleue s'évanouir presque instantanément. Demandez à un pharmacien de vous préparer une solution de 2 centigrammes seulement de ferrocyanure de potassium dans un dixième de litre d'eau; puis une autre solution, dans une même quantité d'eau, de 3 centigrammes de sulfate ferreux. En mélangeant les deux préparations, vous obtenez encore une belle couleur bleue qui peut lutter avec la précédente. Mais cette fois, si vous ajoutez de l'ammoniaque au mélange, cette substance va précisément faire disparaître complètement la nuance bleue. Recourons de nouveau à l'acide chlorhydrique, que nous avions vu tout à l'heure « manger », pour ainsi dire, la couleur bleue; et, tout au contraire, par une de ces contradictions apparentes auxquelles nous faisions allusion, son action sera telle, que... la nuance bleue reparaîtra. Il est vrai que l'acide ne se trouvait pas en présence des substances identiques.

On conviendra qu'il y en a là assez pour intéresser à la chimie.

ENCORE LA TENSION SUPERFICIELLE

ON ne se figure pas communément dans combien de cas cette force, dont nous avons déjà parlé, se manifeste, et sous combien d'aspects, en apparence tout à fait différents. Nous avons vu que, par suite des lois de la tension superficielle, deux corps flottants pouvaient se rapprocher automatiquement, ou, au contraire, se repousser, quand l'un des deux est enduit d'une substance particulière. Si l'on met à flotter sur de l'eau pure deux balles de liège, dès qu'elles se trouvent à une distance peu considérable l'une de l'autre, elles s'attirent et viennent se coller l'une à l'autre ; le même phénomène se produirait du reste avec deux bouchons. Les deux sphères où les deux cylindres de liège sont retenus l'un à l'autre par une vraie force parfaitement appréciable : en effet que l'on essaie de les séparer avec le doigt, et on sentira qu'il faut exercer un véritable effort pour y réussir ; et s'ils ne sont séparés que partiellement par une de leurs extrémités, ou qu'ils ne se trouvent repoussés qu'à une faible distance l'un de l'autre, on peut dire sans exagération qu'ils se précipiteront pour se rejoindre. Mais que l'on recouvre d'un épais enduit de noir de fumée une des balles de liège, et qu'on la rapproche de celle qui est demeurée intacte, on constatera une répulsion des plus marquées entre les deux corps flottants. Si l'on peut, en regardant de côté, examiner la surface de l'eau entre les deux balles de liège, on verra que, dans le premier cas, cette surface se relève presque au niveau de la partie supérieure de l'intervalle, comme pour former soudure entre ces balles, de même qu'elle se relève, quoiqu'un peu moins, tout autour d'elles : la tension superficielle repousse donc les deux corps l'un près de l'autre, et les soude effectivement, suivant l'expression que nous venons d'employer. Tout au contraire, autour de la balle passée au noir de fumée, le liquide s'abaisse comme ayant répulsion (au sens strict du mot) pour cet enduit : par suite, l'eau soulève davantage cette balle, et la repousse loin du voisinage de la petite montagne d'eau qui forme un plan incliné tout autour de l'autre balle. Si nous voulons constater, sous une autre forme, ce que nous avons appelé la répulsion de l'eau pour le noir de fumée, nous n'avons qu'à passer une cuiller métallique au-dessus de la flamme d'une bougie, de manière que sa convexité soit bien uniformément recouverte d'une bonne couche de noir de fumée, et à enfoncer partiellement cette cuiller à la surface de l'eau : nous verrons alors celle-ci se reculer, sans mouiller la cuiller, en formant un creux en dessous de cette cuiller.

On peut tenter certaines expériences en recourant à des

flotteurs que l'on mettra sur un vase plein d'eau et que l'on
soumettra ensuite à la lutte de la tension normale de la surface
de l'eau et celle d'un autre liquide qu'on déposera en un point
quelconque de cette surface. Voici quelques petits bouts de
bois, des moitiés d'alumettes, par exemple, dans une assiette
pleine d'eau : si nous plongeons dans l'eau un morceau de
sucre, et que nous le sortions ensuite un instant, ce qui a
pour résultat de laisser tomber dans l'eau une goutte de sirop,
immédiatement les allumettes, attirées par une tension superficielle violente, celle du liquide sucré, vont se diriger vers
ce centre d'attraction, sans que la tension relativement faible
de l'eau pure puisse les maintenir en place. Et c'est pour
cela qu'on a présenté parfois cette expérience en disant que
le sucre attire le bois des allumettes. Si maintenant nous
procédons de même façon avec un morceau de savon, et
que nous laissions tomber une goutte d'eau savonneuse
(nous entendons une ou plusieurs gouttes, un peu suivant la
distance à laquelle se trouvent les bouts de bois), l'eau de
savon ayant une tension superficielle inférieure à celle de
l'eau pure, les allumettes vont se trouver, non pas repoussées
par le savon, comme on l'a dit parfois fort inexactement, mais
prises entre deux tensions, d'un côté celle de l'eau de savon,
la plus faible, de l'autre celle de l'eau pure, la plus forte, et
naturellement elles céderont à la plus puissante et se dirigeront
vers la surface d'eau non encore atteinte par le liquide savonneux, en paraissant fuir ce liquide. En un mot, il n'y a jamais
action répulsive, mais action attractive : il est vrai qu'au point
de vue des apparences, les choses se passent exactement
comme s'il y avait répulsion.

On pourrait renouveler l'expérience des bouts de bois, et
cela avec des gouttes de bougie flottant à la surface d'une
assiette d'eau. C'est même l'occasion d'une observation secondaire par rapport au sujet qui nous occupe, mais qui est
vraiment intéressante par elle-même. Quand on penche une
bougie allumée au-dessus d'une nappe d'eau, il tombe naturellement des gouttes de stéarine en fusion ; et ces gouttes, en
atteignant l'eau, se coagulent instantanément, prennent même

Quelques expériences sur la tension superficielle.

une forme des plus élégantes : ce sont autant de petites coupes blanchâtres, aux bords dentelés, qui ressemblent assez à des fleurs de muguet; si bien qu'on peut imiter ces fleurs en montant ces cupules sur des petites tiges vertes. Ces minuscules coupes, dont les bords affleurent la surface de l'eau, flottent à cette surface, parce que la stéarine en fusion a chassé l'eau quand elle tombait, en formant une cavité d'autant plus grande qu'elle avait plus de poids par suite de son volume et de la hauteur où elle tombait. Cette cavité était forcément sphérique, par suite de la sphéricité des gouttes, et la stéarine est venue se solidifier, ou se congeler à son pourtour, et au contact de l'eau relativement très froide. Ces cupules vont former de magnifiques flotteurs, particulièrement légers : aussi pouvons-nous renouveler avec eux les expériences de tension superficielle que nous avions essayées tout à l'heure avec de simples bouts de bois.

Non seulement ils auront tendance, lorsqu'ils flotteront sur de l'eau pure et dans le voisinage les uns des autres, à se réunir et à se coller, la tension superficielle agissant sur eux un peu comme un aimant; mais encore, si nous plongeons dans le liquide pur le morceau de savon que nous employions tout à l'heure, et cela au moment où les cupules ne sont pas encore accolées les unes aux autres, nous allons les voir s'éloigner brusquement du point où s'est formée la goutte savonneuse, attirées qu'elles sont, comme nous l'avons déjà dit, par la tension relativement considérable de l'eau demeurée pure. Si, de même, nous laissons tomber une goutte d'alcool au centre de l'assiette où nagent ces gouttes de bougie, cela va être une fuite bien autrement éperdue; comme si ces gouttes de bougie avaient une salutaire horreur de l'alcool, et tout simplement parce que la différence de tension superficielle entre l'eau pure et l'alcool est bien autrement grande qu'entre l'eau et l'eau savonneuse.

Notons, pour ceux qui veulent se livrer à des observations et à des expériences sur ce phénomène merveilleux de la tension superficielle, qu'il est essentiel que l'eau dont on se sert soit au début tout à fait propre, sans la moindre poussière, le moindre liquide étranger flottant à la surface, car alors il interviendrait des phénomènes de tension qui fausseraient ceux-là mêmes qu'on voudrait provoquer.

Nous avons déjà parlé du camphre et de l'action de ses vapeurs sur la tension superficielle de l'eau avec laquelle elles viennent en contact : précisément, on peut utiliser cette action à donner le mouvement à une sorte de petit bateau automobile aux proportions minuscules. On taille et modèle ce bateau dans une feuille de papier d'étain un peu épaisse; et à l'arrière on dépose un petit morceau de camphre, de telle manière qu'il soit en contact avec l'eau, et que par suite ses vapeurs puissent venir diminuer la tension superficielle à la surface de celle-ci. Les feuilles de plantes qui laissent facilement exsuder par une cassure un suc résineux, une huile essentielle, dont la tension superficielle est toujours plus faible que celle de l'eau, peuvent servir également à improviser des embarcations automobiles du même genre; il suffit pour cela de les déposer à la surface d'un vase plein d'eau, après avoir cassé un bout de la feuille, pour que l'huile, la résine, en puisse sortir. La feuille se mettra à glisser à la surface du liquide, et avec d'autant plus de rapidité, que la tension superficielle de son huile ou de sa résine sera plus faible par rapport à celle de l'eau. Cette petite expérience réussit admirablement bien avec la feuille du poivrier du Pérou, qu'on nomme aussi faux poivrier. Nos lecteurs pourront d'ailleurs tenter des essais analogues avec diverses feuilles, afin de voir celles qui se prêteront le mieux à cette curieuse expérience.

Un fabricant de jouets parisien a du reste construit de minuscules petits bateaux dont l'avancement est assuré grâce à un morceau de camphre, spécialement préparé croyons-nous, et qui se place en dessous de l'embarcation lilliputienne, dans un petit tube qui est attaché à la coque du bateau. Les vapeurs de camphre se dégagent et assurent le même résultat que celui que nous avons constaté tout à l'heure avec notre canot en papier d'étain. Et, rappelons-le, on ne peut pas dire que ce soit là un système de propulsion, mais bien un système d'attraction, sous l'influence de la tension de l'eau. Malheureusement, ces forces, toutes manifestes qu'elles soient, sont quelque peu infimes par rapport à celles dont nous avons besoin pour nos moteurs, et l'on ne voit pas bien un morceau de camphre ou même des flots d'alcool assurant la marche de nos bateaux.

Puisque nous parlons si souvent de l'attraction, nous allons donner encore une preuve de son existence et des effets en apparence invraisemblables qu'elle entraîne.

Procurons-nous sept bouchons cylindriques exactement de même diamètre et de même hauteur (vous allez comprendre dans un instant pourquoi s'impose cette double condition); puis, plaçons-les comme l'indique le dessin schématique que nous donnons, de manière à former une figure hexagonale, avec un des bouchons au centre et les six autres l'entourant et se pressant pour ainsi dire autour de lui. Si ces bouchons sont tous exactement du même diamètre, ainsi que nous l'indiquions tout à l'heure, comme nous les supposons bien cylindriques et offrant par conséquent en coupe un cercle presque parfait, il est évident qu'ils vont tous se toucher étroitement et toucher aussi étroitement le pourtour du bouchon central.

Saisissons maintenant l'ensemble des sept bouchons, sans les déplacer de la situation où nous les avons mis, en les prenant par en haut entre tous nos doigts réunis et allongés sur les côtés verticaux de ce paquet; nous nous sommes assurés qu'ils avaient leurs faces supérieures comme leurs faces inférieures exactement sur le même plan, en les appuyant sur une table, bien verticalement. Ils glissent les uns contre les autres de façon à toucher tous la table par leur base inférieure; nous n'avons pas besoin de rappeler que leur hauteur est identique. Les tenant comme nous l'avons dit, nous les plongeons complètement dans l'eau dont nous avons rempli un vase suffisamment profond; et, quand nous les avons ainsi maintenus immergés un certain temps, ce qui a permis à l'eau de s'infiltrer entre eux dans les espaces extrêmement étroits qui les séparent, nous remontons tout doucement la main en continuant de les maintenir de la même façon, et cela jusqu'à ce qu'ils soient à peu près à demi hors de l'eau. Si maintenant nous lâchons les doigts avec précaution, nous allons constater avec stupéfaction que tous ces bouchons vont demeurer ainsi à moitié émergés, flottant en formant un bloc, et se trouvant pour ainsi dire collés les uns aux autres. Tout le mystère tient dans les lois de la capillarité et de la tension superficielle.

En effet, entre les bouchons, dans les espaces extrêmement étroits qui les séparent, il se produit des phénomènes capillaires avec la même intensité que dans ces tubes de verre si minces qu'on nomme capillaires, parce que leur vide intérieur n'a guère un diamètre supérieur à celui d'un cheveu; pas conséquent, l'eau exerce son action attractive, sa tension superficielle pousse tous les bouchons les uns contre les autres, comme cela se passerait du reste entre deux bouchons qui flotteraient couchés sur l'eau, et non debout, à cause de la position de leur centre de gravité. Mais ici, par suite même de ce que tous les bouchons font bloc, le centre de gravité n'est plus trop haut; c'est comme une large lame de liège qui flotte sur l'eau, ses différentes parties se trouvant soudées par cette force dont nous venons de tant parler, mais qui mérite bien à coup sûr tous ces commentaires, pour les phénomènes curieux qu'elle laisse voir à un œil et à un esprit observateurs.

FIN

TABLE DES MATIÈRES

1210-13. — Coulommiers. Imp. Paul BRODARD. — P11-13. (E. et F. 3e s. B).

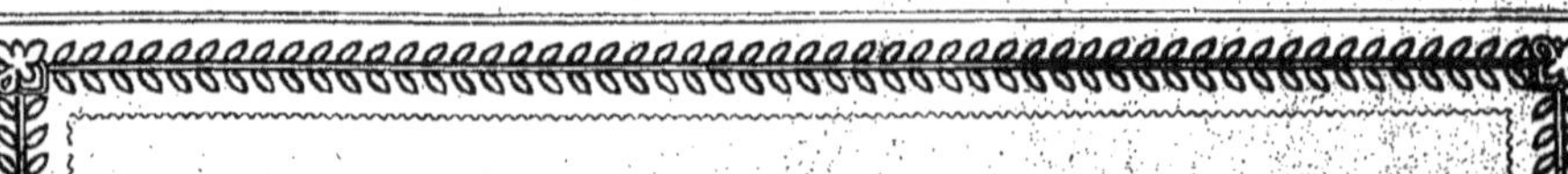

St-Germain-les-Corbeil. — Imp. F. Leroy